SDG Solutions
面向SDG的中国行动

卡荅一去

迎刃而解

# 金钥匙
## 可持续发展
## 中国优秀行动集

主　编 / 钱小军
副主编 / 于志宏　王秋蓉　杜　娟　邓茗文　胡文娟

U0226363

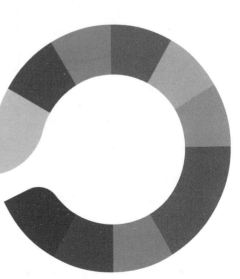

经济管理出版社
ECONOMY & MANAGEMENT PUBLISHING HOUSE

**图书在版编目（CIP）数据**

金钥匙可持续发展中国优秀行动集／钱小军主编 . —北京：经济管理出版社，2022.7

ISBN 978-7-5096-8593-8

Ⅰ.①金… Ⅱ.①钱… Ⅲ.①经济可持续发展－中国－文集 Ⅳ.① X22-53

中国版本图书馆 CIP 数据核字（2022）第 128088 号

组稿编辑：魏晨红
责任编辑：魏晨红
责任印制：黄章平
责任校对：王淑卿

出版发行：经济管理出版社
　　　　　（北京市海淀区北蜂窝路 8 号中雅大厦 A 座 11 层　　100038）
网　　　址：www.E-mp.com.cn
电　　　话：（010）51915602
印　　　刷：北京市海淀区唐家岭福利印刷厂
经　　　销：新华书店
开　　　本：720mm×1000mm/16
印　　　张：14.5 印张
字　　　数：247 千字
版　　　次：2022 年 7 月第 1 版　　2022 年 7 月第 1 次印刷
书　　　号：ISBN 978-7-5096-8593-8
定　　　价：98.00 元

## 《金钥匙可持续发展中国优秀行动集》编委会

# "金钥匙——面向 SDG 的中国行动"简介

2015 年 9 月,世界各国领导人在历史性的联合国可持续发展峰会上通过了《2030 年可持续发展议程》。2016 年 1 月 1 日,《2030 年可持续发展议程》的 17 项可持续发展目标 (SDG) 正式生效。至此,可持续发展成为全球的最大共识。

中国政府高度重视落实《2030 年可持续发展议程》。习近平主席多次就可持续发展发表重要讲话。2019 年 6 月,习近平主席在第二十三届圣彼得堡国际经济论坛上发表的题为《坚持可持续发展 共创繁荣美好世界》的致辞中提出"可持续发展是破解当前全球性问题的'金钥匙'"的深刻论断。

2020 年 1 月,联合国正式启动可持续发展目标"行动十年"计划,呼吁加快应对贫困、气候变化等全球面临的最严峻挑战,以确保在 2030 年实现《2030 年可持续发展议程》的目标。

2020 年 10 月,为落实习近平主席的"可持续发展是破解当前全球性问题的'金钥匙'"论断,响应联合国可持续发展目标"行动十年"计划,《可持续发展经济导刊》发起了"金钥匙——面向 SDG 的中国行动"活动,旨在寻找并塑造面向 SDG 的中国企业行动标杆,讲述和分享中国可持续发展行动的故事和经验,为推动中国和全球可持续发展贡献力量。

"金钥匙——面向 SDG 的中国行动"致力于成为中国可持续发展领域行动的"奥斯卡奖",通过"自荐 / 推荐—评审—路演—选拔"层层递进的流程,注重专业性、公正性和竞争性,让最具"咔嗒一声,迎刃而解"这一"金钥匙"特征的优秀行动脱颖而出。

"金钥匙——面向 SDG 的中国行动"提出并遵循"金钥匙 AMIVE 标准":①找准症结:精准发现问题才有解决问题的可能 (Accuracy);②大道至简:找到"高匹配度"的问题解决路径(Match);③咔嗒一声:以创新智慧突破性解决问题的痛点(Innovation);④迎刃而解:问题解决创造出综合价值和多重价值 (Value);⑤眼前一亮:引发利益相关方共鸣并给予正向评价 (Evaluation)。

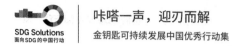
首届（2020 年）"金钥匙——面向 SDG 的中国行动"得到了企业的积极响应。来自 79 家企业的 94 项行动通过层层选拔，57 项行动获得了"金钥匙·荣誉奖"，37 项行动获得了"金钥匙·优胜奖"，9 项行动获得了"金钥匙·冠军奖"。

金钥匙行动释放了巨大的价值和社会影响力，得到了多方的高度认可，引起了社会各界的广泛关注，并于 2021 年 6 月 22 日成功入选第二届联合国可持续发展优秀实践（UN SDG Good Practices）。其中，金钥匙平台挖掘的 6 项行动也成功入选，在世界舞台精彩亮相。

为了持续发挥金钥匙行动的价值和作用，2021 年 6 月，《可持续发展经济导刊》启动了 2021 年"金钥匙——面向 SDG 的中国行动"，得到了广大企业的积极响应和支持，一大批落实 SDG 的企业行动汇聚到金钥匙平台。112 家企业的 126 项行动参加了低碳发展、无废世界、礼遇自然、新自然经济、乡村振兴、人人惠享、优质教育、可持续消费、美好出行、科技赋能、责任金融、驱动变革、四海一家共 13 个类别的奖项角逐。经过公开、公平、公正的金钥匙评审流程，最终 45 项行动荣获"金钥匙·荣誉奖"，60 项行动荣获"金钥匙·优胜奖"，15 项行动荣获"金钥匙·冠军奖"。这些行动都是中国企业落实 SDG 的典型代表，是推动可持续发展行动的积极探索和创新，是可持续发展的中国故事。

2021 年，"金钥匙——面向 SDG 的中国行动"得到了华平投资、中国圣牧有机奶业有限公司的大力支持。

目前，"金钥匙——面向 SDG 的中国行动"已举办了两届，共有来自约 200 家企业的近 300 项行动参加，并入选了第二届联合国可持续发展优秀实践，成为中国具有影响力和国际化的可持续发展活动。这些金钥匙行动彰显了中国企业的责任意识、创新能力，展现了中国企业秉持可持续发展理念解决问题的能力和实力，为落实联合国 2030 年可持续发展目标做出了积极贡献，并成为致力于可持续发展的企业的学习榜样和参照样本。

# 金钥匙行动提供破解全球性问题的中国方案

**钱小军** 金钥匙总教练、清华大学苏世民书院副院长、
清华大学绿色经济与可持续发展研究中心主任

2021 年"金钥匙——面向 SDG 的中国行动"成功举办，这是我担任金钥匙总教练的第二年，再次欣喜地看到这次活动中涌现了一批破解全球性难题的解决方案，成为可持续发展行动的典范。

金钥匙行动有一个"金钥匙 AMIVE 标准"：找准症结、大道至简、咔嗒一声、迎刃而解、眼前一亮。一年来，很多人向我们表示，这是一个特别好的创意，形象、生动、富有想象力和吸引力。面对可持续发展的问题，找到一把解决问题的"金钥匙"，对准问题的"锁孔"，轻轻转动，咔嗒一声，问题迎刃而解——这就是我们想要寻找的"金钥匙"优秀企业行动方案：具备全球视野，以创新思维，关注痛点，找准症结，寻找方法，突破瓶颈，巧妙解决问题，创造能够造福全人类的共享价值。

所以，首先要感谢给我们带来"金钥匙"的各个参评企业，是它们的优秀实践和积极参与的热情，让这个活动具有了非凡的意义。

**金钥匙行动彰显了中国企业的责任意识、聪明才智和创新能力。**2020 年，金钥匙行动首次举办，在短时间内得到了众多来自不同行业、具有不同企业性质、处于不同发展阶段企业的积极响应，涌现出了一大批创新的解决方案，最后评选出了来自 79 家企业的 94 项优秀行动。这些行动向社会各界充分展示了中国企业秉持可持续发展理念解决问题的能力和实力，是企业为可持续发展做出贡献的有力实证，是中国企业勇于担当的责任意识和切实行动。

**金钥匙行动树立了面向 SDG 的中国企业行动标杆。**入选企业讲述和分享的中国可持续发展行动的故事和经验，成为所有致力于可持续发展的企业的学习榜样和参照样本。这些企业用它们的行动证明，在面临可持续发展挑战时，可以用创新的形式解决

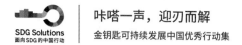
行业痛点，同时还能够释放不可低估的经济、社会和环境价值。这些行业的标杆行动，令人振奋。

**星星之火，点燃灵感。**榜样的力量是无穷的。领先的企业将带给其他企业多方面、多层次和多领域的启发和灵感，带动更多企业共同努力。金钥匙活动不仅是展示平台，也是企业间交流、分享、学习的专业平台，在切磋中互学互鉴，会有越来越多的企业受到启发。在当前国家实现"双碳"目标的进程中，需要创新、转型、找到自身改进方向的企业有很多，但很多企业对于如何更好地发挥自己的作用还没有思路。来自金钥匙行动的启发，能够帮助它们开展卓有成效的可持续发展实践，对所有参加或者关注金钥匙行动的企业来说，都是难得的智慧积累和灵感触发。

**势成燎原，贡献全球。**在整个金钥匙行动评选过程中，所有参评企业的实际行动和热情，向我们展示出了巨大的力量：如果说领先企业的典型经验是星星之火，那我们可以看到，当下的中国，投身可持续发展的企业行动已经汇成燎原之势，凝聚起了一股强大的可持续发展力量。同时，第一届"金钥匙——面向 SDG 的中国行动"已经走出国门，走向世界，入选了第二届联合国可持续发展优秀实践。我相信，由星星之火点燃的灵感与实践，必然成为燎原之势，不仅贡献中国，而且影响世界。金钥匙行动也让我坚定地相信，中国必须也必定为全球实现联合国可持续发展目标贡献重要力量！

作为"金钥匙"总教练，我看到更多对可持续发展抱持坚定信念、做出优秀实践的企业参加了 2021 年"金钥匙——面向 SDG 的中国行动"评选，看到了更多更有创意、更有实效、更具金钥匙特色的行动脱颖而出，荣获金钥匙奖项并入选《金钥匙可持续发展中国优秀行动》第二辑。这本案例集由《可持续发展经济导刊》和清华大学绿色经济与可持续发展研究中心共同选编，是金钥匙行动的重要成果，它有助于展示、推介中国企业界可持续发展行动的经验和故事，让优秀实践行动被更多的平台、更多的人看见。

实现联合国 2030 年可持续发展目标，需要全球加速行动。这是中国作为负责任大国在全球彰显可持续发展领导力的重要契机，也是中国企业贡献全球可持续发展的历史机遇。未来，让我们在金钥匙活动这样一个开放、共享、共建的平台上，携手努力推动中国企业的可持续发展。在这里脱颖而出的企业行动，将有机会进入全球视野，为世界带来破解全球性问题的中国经验、中国智慧和中国方案。

# 讲好中国可持续发展故事

**于志宏** 金钥匙发起人、《可持续发展经济导刊》社长兼主编

中国始终高度重视可持续发展，积极落实联合国《2030 年可持续发展议程》。讲好中国企业可持续发展行动的故事、讲好中国贡献联合国 2030 年可持续发展目标的故事是提升中国企业国际传播能力的重要组成部分，有助于中国企业国际形象建设，更好地服务于国家发展大局。

2021 年 6 月 22 日，联合国经济和社会事务部 (UN DESA) 公布了第二届联合国可持续发展优秀实践评选结果，由《可持续发展经济导刊》举办的首届"金钥匙——面向 SDG 的中国行动"成功入选，成为中国向国际社会讲好可持续发展行动故事的重要代表。

结合"金钥匙——面向 SDG 的中国行动"举办经验以及持续开展的计划，我们认为，讲好中国可持续发展故事离不开"洞察和发现""塑造和淬炼""平台和声量"三个步骤。

**洞察和发现。**讲好故事的基础是先要有故事素材，即企业开展的实践行动。实际情况是，不少企业对于哪些行动更具价值、具有什么价值往往不甚了解。因此，要有深入的洞察力发现支撑实践行动的理念，特别是要先分析实践行动和联合国可持续发展目标之间的关系，衡量对实现联合国可持续发展目标的贡献度，再去发现实践行动的创新性表现在哪里、具有哪些示范意义。

**塑造和淬炼。**好的故事需要经得起各种考验甚至质疑，要具备足够的吸引力，这就离不开塑造和淬炼的过程。企业面对利益相关方"开展路演"，回答来自不同视角的问题，重新审视实践行动的方方面面，是塑造好故事的路径之一；深入思考故事背后蕴含的"管理价值"，与各方特别是与学术界共同探讨实践行动带来的管理变革，有助于凝练实践行动的管理经验，提升故事的内涵；对故事的塑造和淬炼过程，还需要捕捉其"文化艺术"魅力，由于艺术极具感召力，让实践行动富有艺术特质，可以超越行业、地区的差异，让

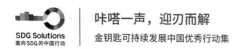
人眼前一亮，引发各方的共鸣，特别是能够唤醒公众对可持续发展的响应和追求。

**平台和声量。**可持续发展是全球共识，向国际社会讲好中国企业可持续发展故事不仅需要国内平台，更需要重视并传播到可持续发展的国际平台。《可持续发展经济导刊》2021 年开展的"金钥匙——面向 SDG 的中国行动"更加注重与可持续发展的国际平台对接，扩大中国企业在这些平台上的"声量"和影响。例如：鼓励中国企业的优秀可持续发展实践行动能够在联合国气候变化大会 (COP26) 上亮相、在联合国《生物多样性公约》缔约方大会第十五次会议 (COP15) 上发声、在第二届联合国全球可持续交通大会上展现；鼓励更多中国企业申报联合国可持续发展优秀实践，提供贡献 SDG 的中国企业样本。

可持续发展是长期的事业，讲好可持续发展故事也非一日之功，需要不断探索、打磨。从行动到品牌，"金钥匙——面向 SDG 的中国行动"希望能够和各方合作，共同支持中国企业讲好可持续发展故事，提升中国企业的国际影响力。

# 编者的话

为了发挥"金钥匙——面向 SDG 的中国行动"的价值和作用,《可持续发展经济导刊》与清华大学绿色经济与可持续发展研究中心共同选编和出版了《金钥匙可持续发展中国优秀行动集》(以下简称《金钥匙行动集》)。

本着自愿参与、重点选拔的原则,按照"金钥匙标准",《金钥匙行动集》收录了来自2021年"金钥匙——面向 SDG 的中国行动"中乡村振兴、人人惠享、优质教育、可持续消费、四海一家、科技赋能、驱动变革、责任金融、美好出行、新自然经济、无废世界、礼遇自然、低碳发展等类别的 28 项企业优秀实践,其中包括 14 项"金钥匙·冠军奖"行动。

《金钥匙行动集》面向高校商学院、管理学院,作为教学参考案例,可提升未来领导力的可持续发展意识;面向致力于贡献可持续发展目标实现的企业,可促进企业相互借鉴,推动可持续发展行动品牌建设;面向国际平台,可展示、推介中国企业可持续发展行动的经验和故事。

SDG Solutions
面向 SDG 的中国行动

# 目 录

**乡村振兴**

## 国网湖南省电力有限公司
# "电力眼"赋能乡村振兴路

# 一、基本情况

### 公司简介

国网湖南省电力有限公司(以下简称"国网湖南电力")是国家电网有限公司的全资子公司,以建设和运营电网为核心业务,担负着保障湖南省电力可靠供应的重大责任。近年来,国网湖南电力以可持续发展为核心、以推进全面社会责任管理为主线、以社会责任根植为抓手、以精益规范管理为基础,建立健全公司社会责任管理培育、发展、完善和保障机制,努力创造经济、社会和环境综合价值,深入推进"责任月""电力周""体验日"等具有湖南地域特点和公司特色的标志性履责实践,力争打造全面社会责任管理的"湖南样本、国网标杆",为国网公司创建国际一流的社会责任典范企业贡献基层实践。

### 行动概要

2018年,围绕乡村美、乡民富等乡村振兴关键目标,国网湖南电力充分利用自身的电力大数据资源,率先发动"电眼看乡村"行动,通过对省域2900余万用户用电信息进行分类管理和价值挖掘,创新算法模型,持续构建"精准救助、产业振兴、民生关怀"全过程场景应用,以生产和生活共抓、分析和实践并用、造血和反哺齐推等方式,全方位赋能乡村振兴建设。目前,"电眼看乡村"模式已在国家电网公司成功推广,从电力视角看"三农"发展,指导乡村振兴,具有重要的开创性意义。

## 二、案例主体内容

### 背景／问题

在脱贫攻坚取得全面胜利后，"三农"工作重心已转向全面推进乡村振兴。然而，当前乡村发展面临以下三个方面的问题：

一是推动、巩固、拓展脱贫攻坚成果同乡村振兴有效衔接，是当前农业农村发展工作的迫切需求。据 2020 年 8 月 17 日《人民日报》报道："据各地初步摸底，已脱贫人口中有近 200 万人存在返贫风险，边缘人口中还有近 300 万人存在致贫风险。"要巩固脱贫攻坚成果，就必须有效防止返贫现象的发生，并对存在返贫风险的人群实施针对性措施，全方位地做好返贫风险控制。

二是当前返贫动态监测缺乏较成熟的信息化辅助工具，绝大部分地区还处于农户自主申报、基层干部排查的初级阶段。在农户自主申报方面，存在误报、漏报的风险；在基层干部排查方面，需要发动乡村干部、驻村干部、乡村网格员等多重力量，基层工作量大，排查及时性尚显不足。

三是乡村产业发展是从"定向输血"模式向"自主造血"模式转变的必由之路，产业发展是一项复杂的系统工程，涉及基础设施、人才技术、政策法规等方面，且投资大、乡村生产设施条件差仍是"短板"，在一定程度上制约了乡村产业发展。

### 行动方案

电力是重要基础性行业，覆盖企业、居民等用电客户，涉及不同区域、不同行业，伴随生产和消费实时产生，真实反映宏观经济运行情况、各产业发展状况、居民生活情况和消费结构等。近年来，随着电力行业自动化、信息化水平不断提升，用于数据采集、传输和应用的基础设施逐步完善，电力大数据覆盖范围广、价值密度高、实时准确性强的特点越发鲜明。为更好地挖掘电力大数据"富矿"，科学解读新时代乡村发展特点，国网湖南电力打造数据中台，对规划信息管理平台、营销用户信息采集系统、同期线损系统等 94 套业务系统的企业用电数据进行整合处理，以数据同源、业务融合为基础，打破专业壁垒，做到业务数据"一处录入、处处使用"，数据超市的有效协作可以充分展示用电客户的全部业务概貌，记录用户电量电费、用能分析、业扩报装等历史信息，以便于了解用户的生产经营、发展水平等相关情况，从而更好地了解并满足客户个体需求及衍生而来的行业需求,为服务乡村高质量发展提供更具针对性的建议。

**开展精准救助,巩固脱贫成果**

　　为了更好地辅助政府关注脱贫户的生活状况,国网湖南电力主动牵手民政部门,及时获取到4万户低收入群体档案,定向匹配到用电户号,通过实时更新的日用电量信息及停电缴费状况,构建了"电力救助指数",该指数定向筛选用电水平低于平均阈值、缴费金额大幅下滑、缴费次数明显增多以及停电后较长一段时间仍未缴费的用户,并将其作为预警对象。对帮扶对象实行"红黄蓝"三级预警,根据数据模型和分级分类预警结果,系统将存在返贫风险的预警信息推送至基层一线工作人员的手机中,基层干部可随时查看、接收监测预警信息,精准识别返贫风险用户,做到早发现、早干预、早帮扶。

**案例1:"救助指数"精准识别返贫风险用户**

　　2018年,在政府的帮助下,永顺县新龙村的某村民靠养山羊脱贫了。2019年初,电力大数据平台发生预警,显示该村民家的用电量突然降低,驻村扶贫队员立刻上门了解情况,原来是山羊越养越多,销路却越来越窄,家里的电灯都舍不得多开了。于是,平台马上和省城的火锅连锁品牌进行了接洽,该村民家的山羊顿时成了抢手货。

"电力救助指数"精准识别返贫风险用户

　　湖南是务工大省,新冠肺炎疫情发生后,大批务工人员滞留在家。对此,国网湖南电力构建了"滞留电量指数",该指数通过扣除温度等变量影响,定位居民生活用电增长较快的区域,来反映人口聚集情况。反向推演就业需求,辅助企业定向招聘。

## 案例 2："滞留电量指数"辅助乡民返岗就业

2020 年新冠肺炎疫情发生时，省内电子通信行业龙头企业依旧订单旺盛，而此时外出务工人员基本都在家里，企业招工成了大难题，了解到这一情况后，国网湖南电力利用"滞留电量指数"定位到古丈县滞留务工人员较集中，2020 年 3 月，招工的大巴车开进了古丈县，不到半天时间就"满载而归"，不仅高效地解决了疫情下的招工难问题，也降低了大山里百姓的返贫风险。

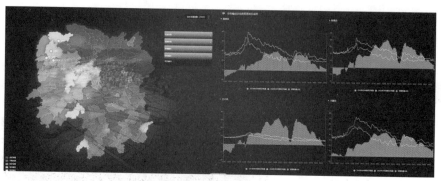

"滞留电量指数"辅助村民返岗就业

### 聚焦产业振兴，推动协调发展

产业发展，电力先行！平台基于内外部信息，建立适配数据处理工具与信息展示体系，对用户的行业、企业、用电等信息进行多重标记，形成智能精准的标签体系与定位系统，辅助研究决策。国网湖南电力借助 BI 工具、数据分析方法、数据可视化技术等，将数据与信息有序集成、直观展示在统一信息平台上。目前已上线"行业监测""景气度预警""特色小镇""产业链图谱"等模块，通过"用电活力指数"和乡村全景画像服务乡村产业发展。

总体来看，"十三五"期间，湖南省农业生产、农村居民生活用电显著增长，年均增长分别达到了 10.0% 和 10.9%，大大快于全社会用电，彰显了农业农村发展的蓬勃活力。细分来看，农业及其相关服务和制造业协同发展，农业现代化稳步推进；农村产业形态日渐丰富、产业辐射效果明显，多地促推特色小镇建设。以泸溪县为例，该县创建推广合水茶油、浦市铁骨猪、兴隆场玻璃椒等特色品牌，以产业促脱贫、固发展，于 2019 年实现整县脱贫摘帽，近三年当地农业用电年均增长 41.3%、农村居民用电增长 12.2%。

## 案例3："用电活力指数"助力茶厂迈入产业快车道

古丈毛尖，受云雾滋养，格外香甜。茶厂的电气化升级为传统产业赋予了新的动力。观测到牛角山"用电活力指数"持续增加，国网湖南电力迅速加大该区的电网改造力度，山再高，坡再陡，也要把电送上去。

"用电活力指数"助力茶厂迈入产业快车道

### 关爱空巢老人，加强民生关怀

乡村振兴不仅是经济上的富裕，也是精神上的富足。针对农村"空心化"问题，国网湖南电力构建"空心化指数"，将每月用电在 10 千瓦·时以下的用户定义为"空户"，绘制了农村空心分布图。以 10 千瓦·时阈值构建"空心化指数"为指引，国网湖南电力"东方红共产党员服务队"一直在行动，为空巢老人和留守儿童送去关爱。

## 案例4："空心化指数"让电力数据有了爱的温度

在海拔 2000 多米的常德壶瓶山区，被老百姓称作"电骡子"的电力员工，常年坚持为留守老人送去物资，让电力数据也有了爱的温度。

"空心化指数"让电力数据有了爱的温度

## 多重价值

**率先引入电力大数据服务基层治理。**本行动孵化的产品已成功在湖南省民政厅上线运行，基层摸排情况由线下填报到每日自动生成，按照每村每年节约基层人力 2 人次计算，湖南省 6920 个村可释放近 1.4 万人力，节约投入约 5000 万元。

**释放数据倍增效应助力企业向好发展。**通过电力大数据辅助电网精准投资、改善农村基础供电设施，乡村供电质量不断提升，全电养殖、电制茶等促进乡办企业增收。利用电力大数据精准定位劳动力滞乡情况，新冠肺炎疫情防控期间辅助企业开展定向招聘，高效解决订单突增下的人员不足问题。

**政企联动营造服务经济社会良好氛围。**国网湖南电力结合乡村用电数据特点撰写的特色小镇、"五一"假期旅游、农业农村等专题报告，均获得了省部级以上领导批示，在政府体系内被广为传阅，同时也获得了人民网、《湖南日报》等主流媒体报道，辅助把握乡村发展态势。

## 未来展望

脱贫摘帽不是终点，而是新生活、新奋斗的起点。下阶段，国网湖南电力将坚持以国网战略为引领，以加快农村电网发展、巩固脱贫攻坚成果、全面推进乡村电气化为己任，奋力书写服务乡村振兴新篇章。"十三五"期间，国网湖南电力投入 411 亿元实施农村电网改造升级；"十四五"期间，国网湖南电力计划投资 435 亿元，重点加强农村配电网网架建设，持续提升供电能力和供电质量，为服务乡村振兴战略提供坚强的电力支撑和保障。

与此同时，国网湖南电力将继续在国网公司的指导下深耕"电眼看乡村"品牌，深度挖掘"电力大数据"价值，聚焦引导乡村绿色低碳生产生活方式，持续夯实乡村源网荷储大数据基础，深化算法模型应用，在推动乡村清洁能源普及、促进新能源汽车下乡等方面积极履行社会责任，彰显国家电网品牌形象，推动 SDG 中国行动的发展壮大，用实际行动为美好生活充电，为美丽中国赋能。

**企业**

要坚持创新驱动，深入挖掘电力大数据潜在价值，进一步释放数据"倍增效应"，为地方政府科学决策提供高质量服务。

**——国家电网有限公司董事长、党组书记　辛保安**

**社会**

通过电力大数据看湖南省"五一"旅游消费热点，夜经济快速发展、红色旅游成亮点、节间出行添绿色。

**——新华社**

湖南省围绕优势产业链"抢开局"，国网湖南电力大数据助力复工复产，为全省开年"稳增长"提供支撑。

**——新华社**

电力数字化建设加速推进，产业、商圈均可"画像"。

**——学习强国**

# 三、专家点评

"'电力眼'赋能乡村振兴路"行动将电网数据外延，服务更多的群体。行动中的防返贫应用利用电力大数据做到提早预防提早解决对于坚决守住不发生规模性返贫底线、推动乡村全面振兴是一个很好的创新。该行动注重关注弱势群体，充分体现了企业的爱心和责任感。

**——全球契约中国网络执行秘书长　韩斌**

**乡村振兴**

国网永嘉县供电公司
# 电力驿站——
# 触达乡村电力优质"最后一公里"

可持续发展
**目标**

## 一、基本情况

### 公司简介

国网永嘉县供电公司担负着永嘉县的电网建设和生产、生活等供电管理任务。

近年来,国网永嘉县供电公司坚持"人民电业为人民"的服务宗旨,积极服务党和国家工作大局,服务发电企业,服务电力客户,服务地方经济社会发展,安全生产、电网建设、经营管理、供电服务、"三个建设"等各项工作取得了显著成绩。获得了"全国'安康杯'竞赛优胜单位""全国模范职工之家""全国五一巾帼标兵岗"等称号。

### 行动概要

立足乡村业态发展需求和企业资源现实,国网永嘉县供电公司以"一核两站三维六服务"电力先行示范区建设为总思路,以电力驿站为突破点,既实现了乡村供电服务形式上的创新,也是基于乡村经济、社会、环境等客观条件所做出的经济性、适应性、灵活性的变革,使公司以小成本投入而高质量、高效率地解决了乡村优质供电服务挑战,并以合作共享形式,与村集体、银行、医疗等各方力量共同形成了乡村公共服务一体化的实践路径。以电力为先行,为建立全民覆盖、普惠共享、城乡一体、均等服务的基本公共服务体系做出率先探索。

## 二、案例主体内容

### 背景／问题

　　长久以来，我国城乡基础设施、公共服务存在极大的不均衡，就电力系统而言，城乡网架基础和供电服务等一直存在较大差异。随着全面推进乡村振兴在党的十九届五中全会和"十四五"规划中被进一步强调，以供电服务为抓手，推进城乡／县乡村公共服务一体化，成为电网企业的重点工作领域。

　　在温州永嘉，乡村旅游已成为实现乡村振兴战略的重要支点，形成了全国知名的山水田园乡村旅游项目集群。2020年新建诗路旅游带4条，打响了"夜游楠溪""两岛两村"等夜旅"月光经济"品牌，村集体收入超百万元的村达144个。乡村旅游产业的投资拉动和经济带动作用持续增强，也促进了乡村用能、电力服务需求、用电方式的多样化发展。一方面，为电网企业带来了新的市场机遇——乡村居民和产业用电用能已迎来新增长，永嘉农村用电量以年均14%的速度保持高速发展；另一方面，乡镇供电服务亟待全方位深刻转变，需进一步下沉服务重心，提高乡村均等优质供电服务的可得性和便利性。

　　当前，乡镇供电所仍是电网企业服务亿万农村客户的基本单元，也是直面乡村市场的最前端。但是，供电所设置需综合考虑行政区划、销售电量、服务半径、客户规模等因素，辐射范围有限，村民办电存在多次跑、时间长、成本高的现象。乡村服务网点偏少，而增加供电所存在高成本门槛和低经营效益问题。可以说，以乡镇供电所为主体的农村电力服务体系，已滞后于乡村获得电力服务需求的增长，这成为全国乡村振兴战略落地过程中普遍面临的供电服务问题。

### 行动方案

　　以永嘉县鹤盛镇为试点，国网永嘉县供电公司立足未来乡村建设、业态发展和村民需求，以电力驿站为突破点，更充分地与乡村居民的生活节律和生产生活场景对接，探寻经济可行、便利适用、服务精准的乡村供电服务管理模式，与供电所服务互为支撑和补充，更好地辐射供电区域，系统性地提升乡村电力服务水平。

　　**突破机构限制，创新驿站形式：**电力驿站是供电所服务的延伸，探索"固定驿站＋流动驿站"相结合的形式，突破了供电所设置的选点、成本等难题，通过配备业务人员、搭载智慧业务终端、提供检修装备等，向农村用户提供阳光办电、电费缴纳、配电检修等供电服务，让电网的末端生长出灵活、智能、敏锐、个性化的"根须"，将优质的供电服务传送到广大乡村地区。

**公共服务一体，合理降本增效：**坚持提高运行效率和服务更优的原则，综合考虑村落地貌、服务半径、成本投入、村民生活节律、外部资源等因素，与村委会等共同确定固定驿站布点、规划流动驿站路线，与医疗卫生、银行等系统共享服务站点，推进乡村公共服务一体化。突破供电所设置数量有限、服务半径有限的困境，使乡村办电、金融等基础公共服务"一次都不跑"成为可能，解决智慧、便利、优质供电服务在乡村的可获得性问题。

**优质服务下沉，场景服务精准：**依托于电力驿站,面向市场和客户的距离进一步缩短，对乡村产业发展、居民用电等需求识别更敏锐、响应更精准。根据乡村旅游的不同业态，提供智慧电务、换充电站、全电厨房、电喷灌等精准电力服务，零距离、高匹配度地响应乡村旅游产业不同场景的供用电需求。一方面，主动培育新的电力业务增长点，形成电力能源与产业发展良性互动的局面；另一方面，为游客、乡村居民等提供更好的电力使用体验，共同打造宜业、宜居、宜人的乡村发展环境，形成可持续的旅游和商业吸引力。

电力驿站为乡村居民提供更好的电力使用体验

电力驿站坚持以客户需求为导向，通过阳光办电服务、红船党员服务、故障报修维修服务、停复电公告通知服务等，成为达到"线上办、上门办、就近办、帮你办"效果的社区、农村前沿示范窗口,让电力业务"一次都不跑"，形成"城镇—中心村居—偏僻村居—行政村"的"最后一公里"服务体系，全面巩固提升电力服务水平，截至2021年，实现了鹤盛镇辖区内自然村流动驿站服务全覆盖。

岩上村电力驿站（流动驿站）是围绕乡村振兴战略，为岩上村及周边地区打造的一个乡村供电更可靠、用电报修更快捷、业务办理更省心为特点的驿站，也是国网永嘉县供电公司"一次都不跑"服务体系的深化。

电力驿站（流动驿站）提供全天候服务

电力驿站（流动驿站）实行 8X5 小时营业（其中人员入驻为每周三下午），提供 24 小时全天候服务，实行与村办公人员动态协同服务机制，除每周三下午外，其余营业时间村办公人员承担后台功能，同时每周三下午电力驿站负责人也应承担村办公的后台功能。除营业时间外，用户可按一下电力服务呼叫铃或拨打 51092000 办理用电业务。

以电力驿站为窗口，国网永嘉县供电公司不断深化"六服务"：

**(1) 优质供电服务：**电网建设从"两强两化"（强网架、强设备、数字化、信息化）角度提升出发，通过配置发电车快速接入装置，应用台区智能跌落式熔断器，利用实物资产 RFID 价体进行配网缺陷动态跟踪治理，打造多元融合的智能微网自愈台区，全面提升该区域的供电可靠性。

**(2) 阳光办电服务：**制订了"阳光业扩一站通"服务方案，进一步优化办电服务，实施民宿用电服务"直通车"、农村居民屋顶光伏"一条龙"服务，在解决用户用电问题的基础上，减少了用户办电手续，提供优质服务。

**(3) 安全用电服务：**升级更换计量箱，加装灭火装置，提高计量装置防火等级；打造 HPLC 全覆盖示范点，全面支撑配网主动抢修服务；台区经理和社会电工协同联动，开展用电报修维修，实现快速报修维修。

**(4) 绿色发展服务：**围绕绿色低碳用能产能，通过电气化改造，推广民宿电采暖、全电厨房、智能设备，打造全电景区、电动汽车充电网络，转变用户用能习惯，提升能效，助力"双碳"目标实现。

**（5）爱心助农服务：**通过红船党员服务队结对留守儿童、孤寡老人，定期开展上门慰问、安装电力服务铃、爱心摄影等特色活动，形成了"红十三爱心社"的特色品牌。

**（6）文化下乡服务：**走进山区小学，走进文化礼堂，开展"墨香送福　文化迎新""元宵猜灯谜·文化进礼堂"等文化活动，给村民带去知识、带去文化、带去欢乐。

## 多重价值

立足温州永嘉未来乡村建设、乡村旅游业态发展和村民用电用能需求，国网永嘉县供电公司以电力驿站为突破点，采用"固定驿站 + 流动驿站"的形式，在村民中心设立电力固定驿站，以改装服务车为载体形成巡线覆盖边远地区的流动驿站，更充分地与乡村居民的生活习惯和生产生活场景对接，向农村用户近距离地提供阳光办电、电费缴纳、配电检修等供电服务，让电网的末端生长出灵活、智能、敏锐、个性化的"根须"，将与城市同等优质的供电服务传送到广大乡村地区，推进电力服务城乡一体化。

以小投入解决成本难题，具有示范推广价值。"固定驿站 + 流动驿站"以较低的成本投入，将优质电力服务延伸到农村，每个固定驿站的建设成本仅为 35 万元左右，每个流动驿站的建设成本仅为 10 万元左右，但可实现乡村服务全覆盖、降本增效"双赢"。作为乡村供电服务形式上的创新，电力驿站突破了供电所设置的选点、成本等难题，在电网高强度投入、成本刚性增长与电量增速趋缓、效益增长困难矛盾日益突出的情况下，形成了适应性、经济性的创新解决方案，为各类公共服务和市场资源向农村下沉提供了

电力驿站将优质电力服务延伸到农村

思路借鉴。

引入多方合作共享资源模式，实现多方价值共赢。对于经营业主、村民等相关方而言，电力驿站更近距离地面向农村市场和居民，办电用电降时间、降成本、省精力、省心力，提升了电力"获得感"。各项电力服务场景还高效地保障了乡村景区游览、精品民宿、江上竹筏、艺术营地、乡村夜经济等多业态用电需求，为游客提供了良好的旅游体验，为乡村产业的良性可持续发展提供了良好支持。对于供电企业而言，通过多方合作与资源共享，实现了降本增效、服务下沉、市场拓展"多赢"。通过全电厨房、竹筏充换电站等电气化改造，培育了新的农村业务增长点，提升了供电公司经营效益，以鹤盛镇岩上村为例，单个村庄全年预计提升用电量约为 89 千瓦·时。与村集体合作实现驿站布点和设置，与医疗卫生、银行等系统共享服务站点，在租金成本、建设成本、人员成本等得到大幅控制的情况下，增加了农村供电服务"触角"与"根须"，有力地推进了乡村办电、金融等公共服务一体化。

场景化精准服务产业用电需求，助力乡村振兴发展。通过服务"根须"向农村市场的进一步延伸，直面乡村产业发展、居民用电等需求，通过食、住、行、游、业等乡村用电场景化服务，以清洁电力助力乡村环境治理和绿色低碳发展，实现对乡村旅游产业发展的用能引领、需求响应和服务支撑，促进与"未来乡村"发展相适应的城乡一体化优质供电服务体系建设，全面助力打造宜居、宜业、宜人的乡村发展环境。

### 未来展望

放眼未来，电力驿站虽小，却撬动起乡村改革创新、数字赋能、整体智治的巨大转变，在乡村电力优质服务"最后一公里"的基础上，来到村民家门口的"最后一百米"，不只让电力服务可触达，而且让均等优质公共服务随处可达。

## 三、专家点评

基础设施建设和公共服务供给是乡村振兴的强力支撑，是实现共同富裕的重要抓手。电力驿站是一个创新性的电力公共服务载体，国网永嘉县供电公司立足于未来乡村建设和用电用能需求，以多方合作、资源共享的方式，将电力驿站作为服务"根须"，向农村市场进行延伸，通过食、住、行、游、业等场景化服务，实现对乡村旅游产业的用能引领、需求响应和服务支撑，大大提升了乡村优质电力服务的可得性、便利性，促进了与"未来乡村"发展相适应的城乡一体化优质供电服务体系建设，实现了价值"多赢"。

**——责扬天下（北京）管理顾问有限公司总裁　陈伟征**

**人人惠享**

中国移动通信集团江苏有限公司

# 适老化信息服务，
# 助力跨越"数字鸿沟"

## 一、基本情况

### 公司简介

中国移动通信集团江苏有限公司（以下简称江苏移动），是中国移动有限公司在江苏设立的全资子公司。江苏移动以争创世界一流企业为目标，在技术、业务、服务、管理、机制等方面不断锐意进取，取得了长足发展。作为江苏省最大的移动通信运营商、年运营收入超 600 亿元的通信骨干企业，江苏移动勇担重担，践行国有企业社会责任，先后获得了"全国文明单位""全国五一劳动奖状""全国用户满意企业"等荣誉。

### 行动概要

随着互联网的发展，手机支付、网上挂号这些对年轻人来说很简单的事情，在很多老年人眼中却是不小的困难。

作为国有通信企业，江苏移动利用自身资源优势，通过"一个计划"（百万老人免费学用智能手机计划）和"三项行动"（全渠道适老化服务改造行动、老年群体传播行动和产品让利行动），帮助老年人跨越数字鸿沟，助力老年人快速融入智能社会。

**一是开展百万老人免费学用智能手机计划。**通过"厅内小课堂、一对一辅导、送课进社区"三种形式，手把手教会老年人使用各类智能应用，不断提升老年人运用智能技术的水平。

**二是开展适老化服务改造行动。**线上、线下渠道全面进行适老化改造：线上渠道上线"关爱版"模式，包含问一问、自动播报等功能，字体更大，界面更加简洁；同时，推出5G云台席功能，为老年群体提供足不出户的远程视频服务；推出"刷脸办业务""摁手印"等业务流程，简化办理手续，不断改善老年人服务体验。

**三是开展适老服务传播行动。**拍摄老年人喜闻乐见的《冲浪吧爸妈》系列小视频，全国首家制作发放《智能手机使用手册》，便于老年人随时随地观看和学习。针对老年人防范意识薄弱、容易上当等情况，联合反诈中心，通过直播等形式开展反诈骗宣传，提高老年群体对诈骗行为的甄别能力，防止受骗。

**四是开展产品让利行动。**上线适合老年客户使用的"幸福卡"系列资费套餐和智能手机，解决老年群体觉得流量资费贵、智能手机贵的困扰。联合属地政府和养老机构，开展智慧居家养老通信服务让利上门行动，为江苏省多个地市老年人上门免费办理老人手机、定位手环、老年卡，提供居家养老产品和服务。

## 二、案例主体内容

### 背景 / 问题

**一是人口老龄化加剧，老年人不可忽视。**第七次全国人口普查数据显示，我国60周岁及以上老年人口已达2.64亿，占全国总人口的18.7%，预计"十四五"期间，这一数字将突破3亿，我国将从轻度老龄化进入中度老龄化阶段。江苏是全国较早进入老龄化社会的省份，也是人口老龄化程度较高的省份（全国排名第6位）。截至2020年底，江苏省60周岁及以上老年人口为1850.5万，占江苏省总人口的21.84%。

**二是数字化产品和信息服务未考虑老年人群体。**数字化产品和信息服务在设计和建设时主要考虑年轻人和中年人的喜好和需求，在设计上对老年群体不够友好，老年人的网络需求无法得到满足，导致老年人使用互联网新技术、新产品的积极性较小。一些手机程序、智能化设备、网站等没有充分照顾老年用户，导致老年人与现代社会之间形成了一道"数字鸿沟"。

**三是部分老年人不敢用数字化信息服务。**有些数字化产品和信息服务在产品设计和开发时未充分考虑老年群体的特点和使用习惯，让老年人觉得操作太复杂，生怕触网后受骗上当。有些数字化产品价格定价较高，让老年人觉得使用门槛较高，怕自己负担不起相关费用。

**四是部分老年人不会用数字化信息服务。**老年群体对事物的认知能力和接受能力都在下降，学习新事物的意愿和能力都偏弱，由于缺少学习渠道和交流圈子，老年群体在使用智能设备和信息服务时遇到一点挫折就很容易放弃，老年人在接受新事物、掌握新技能时存在不小的困难。

## 行动方案

在数字化时代，信息技术的发展在不经意间给老年人筑起了一道数字鸿沟。2020年底，国务院办公厅印发了《关于切实解决老年人运用智能技术困难实施方案的通知》，要求提高老年人运用智能技术的水平，推进互联网应用适老化改造，解决"数字鸿沟"的问题。

近年来，江苏移动积极响应联合国可持续发展目标号召，主动将可持续发展理念、方法融入业务运营中，通过全渠道进行适老化改造，优化产品业务流程，开展百万老年人免费学用智能手机计划，着重解决老年人不敢用、不会用智能手机等问题，提升老年人使用智能技术的水平和能力，帮助老年人快速融入智能社会，促进全社会的可持续发展。

**第一，开展百万老人免费学用智能手机计划**

一是将江苏移动线下渠道的"店堂"变为"课堂"，对全省2000多家营业厅进行人员培训和布局改造，配备金牌培训师，定期在营业厅内开展手机课堂培训，辐射周边社区老年人，在营业厅内手把手地教爷爷奶奶使用智能手机。

二是联合政府和属地街道，实施"送课上门"。无锡移动联合无锡市老龄工作委员会举办"无锡市实施老年人运用智能技术专项普及培训"活动；南京移动联合南京市民

厅内小课堂

送课进社区

政局，在全市多个社区开展"智能手机使用和防电信诈骗"培训。各市分公司联合政府多个部门，开展形式多样的线下老年群体手机使用辅导和培训，提升老年人智能技术运用能力。

**第二，开展适老化服务改造行动**

一是坚持产品适老化服务改造，上线江苏移动掌上营业厅"关爱版"。与"标准版"相比，"关爱版"不仅字体更大、界面更简洁，还带有问一问、视频教学等功能，老年人使用起来非常方便。原来，江苏移动掌上营业厅"标准版"版面内容较多、字体展示偏小，业务流程也相对复杂，对于老年人而言使用不便捷。现在，江苏移动掌上营业厅"关爱版"，从"简化产品界面""优化通信服务""服务语音视频化"三个层面全方位提升针对老年人等特殊群体的服务水平。首先，简化产品界面。按照大字体、大图标、高对比度等要求设计产品界面，简化交互操作流程。其次，优化通信服务。实现无广告清洁模式、分策略智能切换、自动登录等核心功能。最后，服务语音视频化。上线一键"语音播报"、视频教学服务、语音视频化客户服务、支持无障碍读屏等内容，将服务内容语音化、视频化，尽可能地为老年群体提供更便捷的服务。

掌上营业厅关爱版

二是坚持用技术改变服务，为老年人提供 10086 呼入后一键转人工服务和视频客服，让老年人可以秒速连接人工客服，足不出户享受面对面的视频服务。首先，客服热线为老

年客户提供直入人工服务：用技术手段优化电话业务办理流程，针对老年人增设方便快捷的"一键进入"老年人客服人工专席，提供人工客服和优先接入服务；针对老年客户的服务需求特点，进一步优化客服用语，加强一线客服培训，指导和帮助老年人通过电话在线办理业务，强化服务意识，确保服务质量。其次，针对老年人容易遗忘服务密码等情况，推出了"刷

5G 云台席

脸"办业务的方式，极大地提高了老年人的服务满意度。另外，推出了视频客服，让老年人在家就可以享受面对面的视频服务。

**第三，开展老年群体传播行动**

一是开设线上老年手机课堂专区，江苏移动制作了《冲浪吧爸妈》系列小视频，包含手机的常用功能和热门软件的操作方法，生动地演示了各类智能手机的使用方法，方便老年客户随时随地反复观看。

二是制作《智能手机使用手册》，包括从手机使用到适合老年人使用的功能业务介绍，图文并茂，清晰明了，方便老年人对照学习，不断巩固老年人已经学习到的手机知识，进一步提高老年人使用智能手机的水平。

三是针对老年人上网后容易上当受骗的特点，江苏移动联合反诈中心，通过直播、拍摄短视频等形式，深入剖析典型案例，提高老年人的风险防范意识，防止老年人上当受骗。

《冲浪吧爸妈》视频合集

智能手机使用手册

**第四，开展产品让利行动**

江苏移动从老年群体的需求出发，不断优化适老化产品，提供针对性、差异化的服务产品，满足银发用户通信、上网、出行、娱乐等多元需求，以及政府和子女对老年人的看护、监管、安全、健康需求。

一是推出适老化基础通信产品，让老年人用得起手机流量。推出移动"幸福卡"产品，套餐费 19 元，套餐内含 2GB 国内移动数据流量（不含港澳台），全国亲情网内通话畅打，国内主叫 0.1 元 / 分钟，大大地降低了老年客户的通信负担。该款产品还包含流量安心锁功能，当流量使用超过套餐内含时自动锁网，避免产生大额超套费用，让老年人不仅能用得起上网流量，还能放心用上网流量。

二是推出适老化生活娱乐产品，让老年人免费用生活娱乐应用。推出了"小蓝卡"老年人版，老年人刷"小蓝卡"也可以享受公交地铁优惠。另外，还为老年人赠送了咪咕视频会员与和彩云网盘会员，让老年人可以免费使用咪咕视频会员、免费看 +30G 流量免费刷、使用和彩云网盘 200G 流量免费存。

三是推出适老化智能手机产品，让老年人用得上智能手机。引入适合老年人使用的手机、手环、家庭安防监控等设备，结合老年人的使用需求，通过补贴、合约等方式，让老年人买得起智能设备，用得上智能手机。

## 多重价值

为解决老年人"不会用、不敢用、不好用"的三大问题，江苏移动为老年人提供了免费服务，帮助老年客户更好地融入数智社会，让老年客户拥有更多的获得感和幸福感。

### 第一，让老年人会用、敢用、喜欢用智能应用

一是切实为老年人减轻通信负担：推出老年人专属资费套餐和定位手环等产品，"专属资费套餐 + 生活娱乐产品 + 智能手机产品"累计让利超亿元，让老年人用得起上网流量，用得上智能手机。二是切实提高老年人使用智能手机的水平：江苏移动服务人员已走入全省 861 个街道，开展超过 3000 场线下培训，线下培训惠及人数超 15 万，线上老年课堂观看量超过百万次，让老年人敢用、会用智能手机。

### 第二，让老年人享受到"尊老化"的服务

一是通过自营、加盟、授权等方式，打造遍布城乡、广泛覆盖的线下网点体系，为老年人提供"面对面"的服务，确保老年人在聚集区的生活服务半径内能够获得线下渠道提供的服务。江苏所有乡镇已全部覆盖移动线下营业网点，100% 的行政村有网格人员或渠道提供上门服务。2021 年，在 1984 个营业厅设立爱心专座，累计为 1614 万人次老年人提供热心、暖心的优先接待服务。二是针对实名登记，在 65 岁及以上老年客户拨打 10086 客服热线时予以优先接入，并无须任何按键直连人工接听，省去老年客户面对智能导航音和等待的时间。2021 年，累计为老年人提供 453.3 万人次人工直接接听服务，极大地方便了老年用户的业务办理和咨询，老年客户整体服务满意度有了较大提升。

### 第三，让老年人收获更多幸福感和安全感

江苏移动结合社会动态，不断更新服务内容，从"健康码"到"疫苗通"，再到"预制码"的申领，围绕老年人的需求提供服务，让老年人享受到"直接化"的帮助。江苏省13个分公司主动与当地政府相关部门、养老机构进行对接，深度合作，开展形式多样的活动，得到了政府部门和养老机构的支持和肯定，获得了广大老年客户的喜爱和好评。

### 未来展望

**一是将不断完善适老化信息服务体系，持续开展"1个计划和3项行动"**。聚焦老年客户业务服务场景，用技术改变服务，推动服务触点、服务流程优化，打造便捷、暖心的尊老化服务。积极完善老年人刚需的产品应用和服务内容，进一步丰富服务项目、简化操作过程，让老年人能够更好地享受数字化、智能化生活，产生更多的获得感和幸福感。

**二是加大传播宣传力度，持续通过媒体、报刊、自媒体等渠道，向社会广泛宣传适老化服务举措，营造为老年人服务的良好社会氛围**。持续加强与各级政府单位、社会组织、养老机构的深入合作，常态化开展老年人手机辅导使用培训，广泛开展各种形式的"爱老助老"活动，充分践行社会责任，帮助老年人跨越"数字鸿沟"。

## 三、专家点评

生活在当今的社会，不会用智能手机几乎是"寸步难行"。然而，很多老年人对智能手机有畏难情绪，他们需要手把手地教才可能学会使用。江苏移动敏锐地发现了这个问题，免费帮助百万老人学用智能手机，并提供了多样化的适老化服务。不仅让老年人"会用、敢用、喜欢用"智能手机，方便和丰富了他们的生活，提高了他们的幸福感和安全感，而且在解决老年人的实际困难的同时，也扩大了自己的服务范围、扩展了业务，是创造企业与社会共享价值的范例。

——金钥匙总教练、清华大学苏世民书院副院长、清华大学绿色经济与可持续发展研究中心主任　钱小军

**人人惠享**

荷兰皇家帝斯曼集团

# 创新易食食品解决方案
# 给予老年人舌尖上的幸福

## 一、基本情况

### 公司简介

荷兰皇家帝斯曼集团（以下简称帝斯曼）是一家以使命为导向，在全球范围内活跃于营养、健康和生物科学领域的公司，致力于以缤纷科技开创美好生活。帝斯曼打造创新产品和解决方案，以应对世界诸多严峻挑战，同时为客户、员工、股东和全社会的所有利益相关方创造经济、环境和社会价值。从一个世纪前的荷兰国家矿业公司到今日，帝斯曼已经发展成为一家在全球拥有 23000 名员工的专门从事健康、营养和生物科学解决方案的公司。帝斯曼在微生物学及发酵技术领域拥有逾 150 年的科学研究经验，在食品营养与科技行业造就了多个知名品牌和解决方案。

2021 年，帝斯曼发布了一系列全新的贡献于全球可持续食物系统转型的可量化承诺，旨在 2030 年之前解决与世界粮食生产和消费方式有关的紧迫的社会及环境问题。这些承诺涵盖了三个领域——人类健康、地球健康和健康生计，其中包括帮助 8 亿弱势人群填补微量营养元素缺口、增强 5 亿人的免疫健康等战略性粮食系统任务。

### 行动概要

目前，包括中国在内的多个国家和地区正处于社会老龄化的加速进程中。咀嚼吞咽障碍是银发群体普遍存在的问题，这部分人群需要一种质构柔软顺滑的特制易食食品来减轻咀嚼吞咽困难带来的问题。但在中国市场中，尚无专门针对咀嚼吞咽障碍群体的易食食品解决方案。

帝斯曼敏锐关注着中国咀嚼吞咽障碍群体的膳食及营养需求。2018 年，帝斯曼易食食品项目正式立项。2019 年，帝斯曼在浙江省桐乡市成立了"省级高新技术企业研究开发中心——老年食品创新中心"。以结冷胶为代表的质构改良剂是打造易食食品的关键成分，依托于领先全球的科技实力，帝斯曼专家团队成功突破了技术难关，首创推出了质构改良剂结冷胶 GELLANEER™ HS，并应用于老年易食食品研发之中，根据中国老年人的口味喜好和饮食习惯不断打磨配方，形成了结合中国本土特色和国际一流技术的易食食品解决方案。

作为国内第一家提供易食食品解决方案的企业，帝斯曼与多家养老院、三甲医院、专业营养师和食品生产商展开战略合作，得到了老年人、营养师及养老院管理人员等多方的积极反馈。帝斯曼易食食品不但能改善老年人的饮食质量、个人尊严感和生活幸福感，还能在一定程度上缓解社会医疗体系的压力，从而提升全社会的共同福祉。

## 二、案例主体内容

### 背景 / 问题

全球人口正在步入老龄化阶段，目前全球 65 岁及以上人口的增长速度超过了年轻群体。中国社会科学院世界社保研究中心主任郑秉文指出，中国的老龄化是非常快的，预计到 2035 年我国 65 岁及以上人口将超过 20%。东南沿海城市的老龄化进程则更加迅速，这给社会医疗公共服务和养老服务产业带来了空前挑战，如何为老年人创造安全幸福的养老生活成为全社会关注的议题。民以食为天，幸福的养老生活建立在幸福的一日三餐之上。然而，随着年龄增长，老年人的身体机能逐步退化，曾经十分轻松简单的吃饭喝水都可能成为令人烦心的难题。实际上，在银发群体中，咀嚼吞咽障碍是一个普遍存在的问题，多由病症和衰老带来的肌肉群或牙齿缺失引起，可能导致吸入性肺炎、营养不良等并发症，严重影响老年人的生活质量甚至威胁生命安全。2019 年版的《社区老年营养与慢性病管理》介绍，吞咽障碍在老年人群中的发生率为 8%~30%，中国本土的情况则更加严峻。复旦大学附属上海华东医院临床营养中心采用问卷调查对上海 6 所养护机构 60

岁及以上老年人进行了现状研究，发现上海地区住养老机构 70 岁及以上的老年人吞咽障碍的发生率为 32.5%，年龄越大，发生率越高。此调查结果也显示，老年吞咽障碍者营养不良和潜在营养不良风险的发生率分别为 40.3% 和 38.6%。咀嚼吞咽障碍对中国老年群体健康水平造成的负面影响不容忽视。

然而，目前中国市场上针对有咀嚼吞咽障碍的老年群体的饮食产品屈指可数。养老机构中最常见的解决方法是用搅拌机将所有加水的饭菜打成糊状食用，但这不仅存在呛咳和噎食的风险，也让本来美味的饭菜色、香、味俱损，而且饭菜打糊需要加水，这会导致食物的营养大打折扣，长期食用打糊食品会致使老年人出现营养不良等症状继而引起其他并发症，对个人尊严感和幸福感造成负面影响，从社会层面而言，还会对养老护理和医疗系统造成不可忽视的负担。因此，解决咀嚼吞咽障碍群体的吃饭问题，通过丰富多样、营养易食的食物来保障老年人的健康，是当今社会面临的重要任务之一。

## 行动方案

多年来，帝斯曼坚持以可持续发展为核心价值观，识别关键社会问题，结合自身行业实力推进技术创新，为实现联合国可持续发展目标而行动。帝斯曼致力于为所有人创造美好生活，深切关怀着中国老年人的福祉安康，也在持续关注存在咀嚼吞咽障碍的老年群体并积极探寻解决方案。

### 攻克质构改良剂技术难关 成功推出易食食品解决方案

自 2018 年起，帝斯曼正式启动"老年食品"研发项目，并于 2019 年在浙江桐乡成立了"省级高新技术企业研究开发中心——老年食品创新中心"，该项目旨在为中国地区有咀嚼吞咽障碍的老年人提供安全、营养、美味的食品解决方案，易食食品正是该项目目前重点落地的成果之一。易食食品是一种将食物打碎后，运用天然亲水胶体对其进行重组，并加入蛋白质强化营养所制成的易吞咽食品，口感柔软、吞咽安全、营养均衡、美味可口。帝斯曼对发展较为成熟的日本老年食品市场进行深入学习，并且展开了一系列扎实的本土调研，进而发现易食食品的关键就是打造顺滑、柔软又不黏口的质构，其核心技术就是以结冷胶为代表的质构改良剂。

结冷胶是通过微生物发酵，后经提取纯化工艺而产生的生物胶体。目前，市面上的结冷胶主要有两大类，分别是低酰基结冷胶和高酰基结冷胶。随着食品饮料及营养保健市场的需求逐渐提高，传统结冷胶面临着一系列技术挑战。传统的低酰基结冷胶凝胶相对更加硬、脆，主要应用于悬浮饮料、果冻等产品中，在固形物含量高的应用中凝胶性能较差。而高酰基结冷胶产生的凝胶比较柔软且凝胶温度高达 80°C，在高固形物的应用中极易凝胶，对工业生产造成了很大困扰，这是因为结冷胶的性能表现在很大程度上由分子中所含的酰基数量和分布均匀度决定，但是酰基性质非常不稳定，想要精准操控脱去或者保留酰基的程度与均匀度是对工艺的极大挑战。因此，既要保证打造理想质构又要具有良好的可加工性能，就需要对结冷胶的分子层面进行重新设计。

帝斯曼在生物科学领域拥有 150 多年的经验，本土专家团队结合在亲水胶体领域的深度研究和位于中国桐乡的"帝斯曼全球亲水胶体创新中心"的实践积累，积极投入结冷胶领域的技术攻关。经过一系列反复实验与论证，帝斯曼专家团队开发出了一种新的脱酰方式，可以相对精确地控制脱酰程度。借助该全新工艺，帝斯曼实现了重大技术突破，在世界范围内开创性地提出了 GELLANEER™ HS 结冷胶解决方案。与保持大部分酰基的高酰结冷胶和脱去所有酰基的低酰结冷胶相比，GELLANEER™ HS 是一种半脱酰的结冷胶产品，具有独特的分子结构，因此表现出非常特殊的性能，在高固形物产品中有极其优异的表现。与此同时，GELLANEER™ HS 的凝胶温度低于高酰基结冷胶，由此突破了温度控制带来的技术挑战，不但拓宽了产品的应用领域，而且还能够节约生产能源，促进可持续发展。

凭借加工性能、可持续发展等多个维度的突破创新，GELLANEER™ HS 获得了两项专利——中国专利 ZL201710204997.6、日本专利 JP6930055B2，以世界一流的技术创新打破了传统的应用边界，带领结冷胶正式迈入了一个新的应用领域——高固形物产品领域，满足了全球市场长期以来对创新结冷胶的迫切需求，为全球消费者带来了丰富多样的创新产品。帝斯曼将

帝斯曼易食食品柜台陈列展示，易食食品不但营养美味，而且造型美观，可以提升老年人的食欲，增强生活幸福感

GELLANEER™ HS 结冷胶应用在易食食品中，经过精心设计配方和反复调整质构，终于达成了柔软顺滑的理想质构，能够满足咀嚼吞咽障碍人群的需求。

帝斯曼易食食品能够在硬度、黏附性和凝聚性三项重点质构指标层面达成完美表现：第一，保证食物软硬度合适，易于老年人咀嚼；第二，保证食物顺滑，不能太稀或者太黏稠，易于老年人吞咽；第三，保证食物成团，不含有细碎颗粒，以防老年人呛咳。另外，根据 2017 年版的《老年人膳食指南》，产品经精确营养摄入测算提高了蛋白质等营养物质的含量。帝斯曼易食食品不但符合中国《食品安全国家标准老年食品通则（征求意见稿）》和《易食食品》（T/CNSS 007—2021）团体标准，而且也符合日本 UDF 等级、国际吞咽障碍食品标准行动委员会（IDDSI）等国内外关于咀嚼吞咽障碍饮食的标准。

在帝斯曼之前，中国市场上鲜有关注老年人咀嚼吞咽困难问题的生产商。假设一位受到咀嚼吞咽障碍困扰的老年朋友要食用炖牛肉，传统的应对方式是将牛肉加水打碎成糊状，如果加水量过多，牛肉糊通过咽喉的流速就会较快，那么老人在食用过程中就容易出现呛咳现象；如果加水量过少或者食物纤维没有被完全打碎，那么又会产生噎食风险。而且，牛肉糊稍作静置，碎屑和汁水就会明显分离，失去了食物本身的色香味吸引力，对老年人的食欲和幸福感都会造成负面影响，长此以往就有可能导致老年人营养不良。现在，帝斯曼在中国领先开辟了易食食品这一全新品类。以世界领先水平的质构改良剂 GELLANEER™ HS 为"点睛之笔"，将牛肉、水、营养物质等原料加以结合，塑造理想质构，即可打造成蛋羹状的易食炖牛肉慕斯，不但具有柔软的质地和强大的凝聚性，既安全又适口，而且还能形成层次丰富的美妙口感，带给老年人享用甜点般的愉悦感受。

目前，帝斯曼已开发出包含荤、素、水果三大类 20 个品种的易食食品，一周菜单不重样，为老年人带来了美味、健康、愉悦的饮食体验。易食食品为加热即食产品，与原有打糊食品相比，除了在安全、营养和风味上

制作成慕斯小蛋糕形态的帝斯曼易食食品，有紫薯、胡萝卜等各式口味，呈现琳琅满目、缤纷多彩的可爱外观，为咀嚼吞咽障碍群体的餐桌增添一抹亮色

有明显改善外，还能够大大地节省养老机构准备打糊食品的人力与时间成本。作为国内唯一一家提供老年易食食品解决方案的公司，帝斯曼不仅填补了养老市场上的空白，为广大具有咀嚼吞咽障碍的老年人带来了健康美味的饮食选择，还在社会医疗价值的层面上带来了长远的积极影响。

## 多重价值

### 开拓崭新领域　传递精彩价值

帝斯曼易食食品呵护着老年人细微的切身幸福。普通打糊食品破坏了食材本身的营养，口感较差，降低了老年人的食欲，还对老年人的饮食体验幸福感和个人尊严造成了负面影响。帝斯曼易食食品不但安全、营养、美味，而且使养老生活的仪式感和尊严感也得到了极大提升，从身体和心理双重层面改善了老年人的幸福感。

帝斯曼易食食品一经推出便得到了老年人、营养师及养老院管理人员等的积极反馈。上海某医院营养师表示："我们对帝斯曼易食食品的口感和质地非常满意。我们想展开下一步协作，继续升级易食食品解决方案。在我们医院，因患有疾病而吞咽困难的患者可以从这种解决方案中受益，因为它提供了高能量、高蛋白质和丰富选择，而且菜单在一周内都不会重复。"

老年群体对帝斯曼易食食品也表示了热烈欢迎。帝斯曼曾在上海某护理院等地开展实地调研，据调查，78% 的老年人对易食食品表示喜欢或可以接受的正面态度，93% 以上的老年人高度评价其带来的吞咽流畅体验及理想外观。老年人纷纷为易食食品点赞："这

帝斯曼易食食品开展线下推广活动。帝斯曼易食食品品类丰富，能够实现多样化餐日搭配，特别设计的节日套餐在满足老年人饮食需求的同时还提供了愉悦情绪价值

老年人在帝斯曼易食食品推广会上品尝样品。许多老年人第一次了解易食食品的概念，易食食品柔软的质地和美味的口感让老年人纷纷点赞，咀嚼吞咽障碍人群也接触到了一种全新的健康膳食选择

是用真鱼做的吗？它尝起来就是鱼肉的味道，我很喜欢。"胡萝卜很有营养，我想试一试胡萝卜慕斯。"帝斯曼积极听取老年人的真实想法，不断优化产品性能。

帝斯曼已与多家养老院、三甲医院、专业营养师和食品生产商展开战略合作，通过老年食品峰会讲演、医院研讨会等活动不断加深对市场需求的了解，继续坚定提升老年人饮食幸福的决心。

帝斯曼与本地养老院开展沟通交流。通过实地走访调查，帝斯曼切实了解老年人的反馈和需求，持续精进易食食品解决方案

国家统计局数据显示，2020 年末，我国 65 岁及以上人口为 17603 万，如果按照 30% 的咀嚼吞咽障碍比例进行计算，那么将有 5281 万人对易食食品有长期需求，帝斯曼易食食品将在前景广阔的蓝海市场中大展身手。易食食品的大面积推广不但能改善老年人的饮食健康和切身幸福，还能为社会公共医疗系统减轻压力，从而提升整个社会的福利与福祉。因此，帝斯曼希望易食食品能够被更多老年人，尤其是被咀嚼吞咽障碍患者所熟知、享用，使吞咽障碍群体拥有更多安全、健康、美味的饮食选择，为银发群体创造更加缤纷多彩的生活。

### 未来展望

技术驱动创新，实践开创未来。帝斯曼 GELLANEER™ HS 结冷胶系列具有良好的凝胶性能，在高固形物产品体系中表现得极其优异，从加工性能、可持续发展和清洁标签等多个维度开拓崭新天地，为各年龄层的消费者打造崭新的食品饮料及营养保健产品，通过前沿技术赋能行业持续增长。以 GELLANEER™ HS 为核心质构改良剂，帝斯曼研发的易食食品已经在上海的养老院投入使用，切实改善了老年人的生活幸福感，稳扎稳打推进易食食品品类开疆拓土，驱动上下游行业的创新活力。

除了易食食品外，GELLANEER™ HS 创新型解决方案还广泛应用于全球食品饮料及保健品行业，通过缤纷质构创新显著驱动行业增长，为大众饮食及健康水平添砖加瓦。例如，帝斯曼 GELLANEER™ HS 被应用在模仿真实水果质构的纯植物凝胶营养软糖和纯植

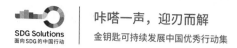
物软胶囊外壳中。微生物来源的 GELLANEER™ HS 让崇尚绿色天然的消费者拥有更多选择，也成为营养物质的传递小能手，通过软糖、胶囊等形式，将 DHA、维生素、矿物质等营养通过兼具美味和趣味性的方式传递给消费者，助力生产商达成可持续目标，为包括素食及弹性素食主义者在内的全球消费者提供多元化健康选择。

随着老年人对膳食营养的需求和期盼不断提高，帝斯曼未来还将不断地完善易食食品解决方案，开拓更多具有市场及社会价值的产品解决方案。无限多样的市场机遇和社会价值鞭策着帝斯曼持续创新，不断突破，促进可持续发展，打造更加绿色健康的生活方式。

## 利益相关方评价

近年来，随着我国老龄化进程加速，人们对高龄人群的养老问题和疾病护理的关注度不断提高，国家积极出台适合老龄化社会的政策法规。在老年人口中，尤其是在 80 岁及以上的老年人口中，相当一部分人有不同程度的咀嚼吞咽障碍，无法食用普通食品，需要依赖经过特殊调制的易食食品。

上海快乐家园护理院在建院初期就认识到了饮食适老化的重要性，一直在积极探寻解决方案。调查发现，易食食品的关键技术是在食材加工过程中添加质构改良剂，由此改变和调整食物质构，使其满足不同咀嚼吞咽障碍程度患者的需求。

帝斯曼密切关注中国老年人吞咽咀嚼障碍现状，以创新型质构改良剂为核心成分，成功研发易食食品解决方案，填补了国内相关市场的空白。上海快乐家园护理院作为帝斯曼"易食食品营养膳食研究开发基地"，在正常饮食之外为患者提供两种类型的易食食品：一种是浓厚流质饮食，符合易食食品规范液体标准中高稠标准，可供患者管饲和口服；另一种是慕斯块状饮食，符合易食食品规范固体标准中细泥型标准，可供患者口服。采用冷冻食品包装的已调味易食食品配餐简单，品种多样，安全健康。

希望帝斯曼继续提升产品风味、增加产品种类、丰富产品形态，为医疗和养老机构以及老年人提供更加多元化的选择。

——上海快乐家园护理院院长 卢萍

人人惠享

众合云科
# "51同路"推进助残就业

## 一、基本情况

### 公司简介

众合云科 (Zhonghe Group) 是国内领先的 HR SaaS 科技服务商,以"让每一份工作都有保障"为使命,针对标准劳动者、新经济从业者和特殊人才等,依托一站式 SaaS 服务平台,科技驱动,为企业提供综合性共享服务解决方案,让企业聚焦核心主业,让劳动者更有安全感和幸福感。

"51同路"是众合云科集团旗下公益品牌,专注于特殊人才服务,创新性地构建残疾人劳动共享协作平台,与多地残疾人联合会(以下简称残联)合作共建残疾人就业培训基地,为企业提供专业、高效的特殊人才用工整体解决方案,帮助企业履行法律义务及社会责任,也帮助更多残疾人成功就业,获得劳动保障,实现社会价值。

### 行动概要

为了帮助更多残疾人实现就业,众合云科"51同路残疾人就业项目"应运而生。"51同路"意为因爱有路、一路同行,架起了一座残疾人和企业之间的桥梁。通过为残疾人提供专业的岗位定制服务、与当地残联共建培训基地、创立高效的残疾人就业线上管理平台等措施,帮助企业解决用人难、残疾人就业难的问题。同时,通过宣传促进残障融合理念的传播。

## 二、案例主体内容

### 背景 / 问题

截至 2020 年底，我国约有 8502 万残疾人，就业年龄段人数约为 3400 万，全国持证残疾人就业人数仅为 861.7 万，残疾人就业困难已经成为一个严重的社会问题。为了推动残疾人就业，政府出台了一系列相关法律政策，其中按比例安排残疾人就业制度尤为重要，国家鼓励用人单位超过规定比例安排残疾人就业。但是，受国内区域发展不平衡、企业缺乏残疾人招聘经验、残疾人受教育程度较低等因素的影响，出现了发达地区企业招不到残疾人，而欠发达地区残疾人没有工作机会的尴尬局面。

### 行动方案

秉承"让每一份工作都有保障"的使命，众合云科将项目目标受益人精准定位为欠发达地区的残疾人士，通过技术创新和直营服务，坚持用商业手段解决社会问题。2017 年，众合云科"51 同路残疾人就业项目"正式启动。

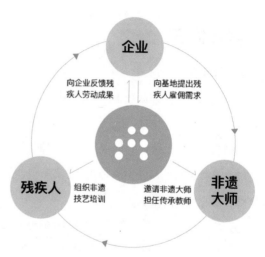

"51 同路残疾人就业项目"模式

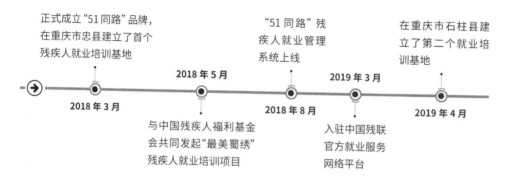

项目发展历程

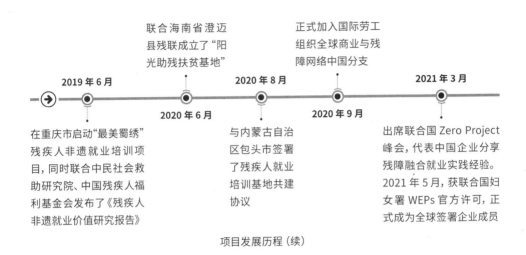

项目发展历程（续）

自 2018 年开始，"51 同路"与中国残联残疾人就业创业网络平台、中国残疾人福利基金和多地残联合作，先后在重庆、北京、海南等地建立了残疾人就业培训基地，围绕残疾人士就业咨询服务、残疾人心理辅导、职业技能提升等多个领域展开服务支持。一方面为残疾人提供培训并开发了多种多样的就业岗位，为偏远地区和居家的残疾人就业提供了可能；另一方面为企业搭建残疾人就业服务平台，为企业招聘、管理残疾员工提供服务。

在项目开展过程中，众合云科发现很多非遗技艺由于存在大量重复细致的工序，健全人往往静不下心来学习，正面临失传的风险。而听障人士由于听不到声音，反而不易受到打扰，学习速度很快。通过创意的方式，残障也可以成为优势。因此，"51 同路"创新性地提出了"残疾人非遗就业模式"，在帮助残疾人实现就业、为客户企业定制礼品的同时，传承了日渐消逝的非遗文化，实现了多方共赢。

**资金投入：** 2018 年，众合云科向中国残疾人福利基金会捐赠 100 万元，用于开展"最美传承"公益项目，该项目包含"最美景泰蓝""最美蜀绣"两个子项目。项目聘请了国家级非物质文化遗产代表性项目传承人担任培训师，帮助残疾人就业，传承非遗技艺。

**硬件投入：** 从 2019 年至今，众合云科分别在重庆市忠县、重庆市石柱县、海南省澄迈县、内蒙古自治区包头市四地建立了残疾人就业实体基地，四个基地总面积达 1300 多平方米，且基地数量和面积逐年增加。每个基地均配备无障碍设备、工作电脑等，为残疾员工提供了舒适的办公环境。

**人力投入：** 目前，就业基地共有全职工作人员 6 名，主要负责各基地的管理工作。为提升基地工作人员专业性，"51 同路"与国际劳工组织中国网络分支（GBDN-China）合作，开展了残疾平等意识培训（DET）和残疾人士就业辅导员培训。

## 多重价值

### 开发残障人就业岗位，帮助残障人拥有体面工作

"51 同路残疾人就业项目"为残疾人提供培训并开发了多种就业岗位，为偏远地区和居家的残疾人就业提供了可能，助力残疾人所在县（市）消除绝对贫困。截至 2022 年 3 月，"51 同路"开发就业项目达 5 类，共 20 余种，累计开展培训 257 期，其中包括两类特色就业项目：残疾人非物质文化遗产就业项目和"互联网+"就业项目。累计开展就业咨询超过 10 万人次，开展就业培训 12000 多人次，共安置 6000 多残疾人就业，帮助 1000 多家企业履行社会责任（数据持续增长中）。

"51 同路残疾人就业项目"还创新性地开展了残疾女性非物质文化遗产培训就业计划，帮助残疾妇女（特别是中国欠发达地区的重度残疾妇女）体面就业，并提供免费培训助其提升就业技能、获得稳定收入，提升了残疾妇女的自尊心和自信心。

"51 同路"基地开展网站运营培训现场　　在 2021 年全国助残日活动中，"51 同路"项目展位亮相中央电视台

### 宣传并倡导残障融合理念

在全国 8 个城市开展 12 期公益宣传活动，宣传残障融合理念。活动累计辐射 30 多万人，受到了中央电视台、中国网、《中国日报》等多家媒体关注与报道。

### 传承非遗技艺和文化

一期项目"最美景泰蓝"已落地北京基地；二期项目"最美蜀绣"已落地重庆基地；

三期项目"最美黎锦"已落地海南。其中,"最美蜀绣"邀请国家级蜀绣非遗大师黄敏担任培训师,在"51 同路"基地培养了近 50 名残疾绣娘,产出作品 2500 幅(数据持续增长中)。该项目在帮助残疾人就业的同时,也培养了一批非遗技艺传承人。

在"51 同路"蜀绣坊工作的绣娘

依托"最美传承"子项目,众合云科撰写并发布了《残疾人非物质文化遗产就业价值研究报告》,为进一步探索残疾人就业与"非遗"文化传承结合的"公益 + 商业"运营模式提供了理论和数据支撑。

### 受到了政府、社会的认可

"51 同路"项目实现了企业自身、用工企业以及残障人群体三方共赢,荣获"2019 年度公益项目奖"、2020 中国公益慈善项目大赛综合组"卓越奖"、"2020 助残突出贡献奖"、2021 年第三届中国益公司企业社会责任促进项目"社会实践杰出企业奖"等。

### 未来展望

在项目的发展中,一方面,由于残疾人的身体障碍与局限,普遍存在受教育困难、文化程度不高的问题,因此适配的工作岗位往往比较有限,多以体力劳动、制作手工艺产品为主;另一方面,企业观念仍有待于转变,目前企业在残疾人招聘中,依然多持有"因岗设人"的观念,招聘标准设置较高,对残疾人的支持性措施较少,缺乏无障碍设施,主客观上增加了安置残疾人的难度。同时,由于市场竞争激烈、经济不稳定等客观因素,残疾人就业岗位存在极大的不稳定性,也给残疾人的管理工作带来了不小的挑战。

未来,众合云科将以"51 同路残疾人就业项目"为立足点,继续加大在践行企业社会责任方面的投入,持续共享底层建设服务能力,带动整个人力资源行业践行企业社会责任,携手创造一个更美好的未来。此外,也将携手更多企业和公益组织,打通残障融合沟通闭环,推动融合就业项目的进一步开展,让更多残障伙伴融入社会,实现自身价值。

> 故事 | 第一份薪资到账的那天，我回家哭了整整一夜
>
> 2006 年的一场火灾改变了李慧芳的生活，与身体的疼痛相比，坚强的她更难以承受的是，因为残疾，找工作四处碰壁，无法帮助家人分担压力。
>
>
>
> 2020 年 9 月 24 日，这一天我记得特别清楚。那天上午我接到"51 同路"刘老师打来的电话，说可以帮助我安排工作，我半信半疑地来到紧挨着残联的"51 同路"基地。
>
>
>
> 按照流程，我参加了面试，负责人了解到我的情况后，给我做了就业登记，很快就给我安排工作了。没想到我又可以上班了。
>
> 因为对"非遗"感兴趣，所以我选择了蜀绣团队，成了一名绣娘。虽然我的手不是很方便，刚开始的针脚有些粗糙，但是经过不断练习，绣出来的绣品还算合格。拿到第一个月的工资时，我回到家哭了整整一夜。我十多年来的就业梦想，终于在"51 同路"实现了。
>
> 在"51 同路"基地，我身边多了相互鼓励、相互分享故事的姐妹们。我们每个人都有一段痛苦的过往，但我们都在"51 同路"基地找到了归属。在基地，我通过自己的努力，也能为我的家庭分担一点经济负担了。
>
> 最让我开心的是：从前那个自信阳光的我，又回来了。

## 三、专家点评

众合云科"51 同路"项目利用平台资源、资金等优势，创造可持续的商业模式，帮助了真正需要帮助的残疾人，这一过程使利益相关群体获得共享价值，也给企业带来了良好的口碑，众合云科"51 同路"项目是一个很好的案例。

**——金钥匙总教练、清华大学苏世民书院副院长、清华大学绿色经济与可持续发展研究中心主任 钱小军**

众合云科"最美蜀绣"项目给我留下了很深的印象，该项目通过创新就业的方式，不仅传承了我国的蜀绣"非遗"技艺，更针对特殊人群的特点定制化培训，巧妙地解决了残疾人就业难的问题，实现了传承"非遗"文化和解决社会问题的"双赢"。

**——深圳市社会公益基金会理事长 吕成**

安踏集团

# "爱不止步 点亮未来"
# 安踏茁壮成长公益计划

## 一、基本情况

### 公司简介

安踏集团成立于 1991 年，是一家专门从事设计、生产、销售和运营运动鞋服、配饰等运动装备的综合性体育用品公司。经过 30 年的发展，安踏集团已从一家传统的民营企业转型成为具有国际竞争力和现代治理结构的公众公司。安踏集团的愿景是"成为世界领先的多品牌体育用品集团"。

自创立以来，安踏集团一直持续深耕企业社会责任，积极践行联合国可持续发展目标，在社会责任与可持续发展领域长期投入大量资金、装备和人员。作为中国体育用品行业领导企业，安踏集团切实履行对经济、社会、环境、消费者、员工等集团内外利益相关方的责任，主动向公众披露经营状况，不断完善机制，成为负责任的企业公民。安踏集团多年来构建绿色生态体系，是首家并连续 6 年发布 ESG 报告的中国体育用品公司（数据统计截至 2022 年 3 月），其2020 年发布的首份企业社会责任报告荣获"金蜜蜂 2020 优秀企业社会责任报告·环境责任信息披露奖"。安踏集团致力于将超越自我的精神融入每个人的生活，为实现更美好世界和可持续发展的蓝图而努力奋斗。

### 行动概要

"安踏茁壮成长公益计划"由安踏集团发起，联合中国青少年发展基金会和上海真爱梦想公益基金会共同实施，以"让孩子们享受体育运动带来的快乐"为己任，聚焦青少年体育公益，开创包含安踏装备包、安踏体育课、安踏梦想中心、安踏运动场、安踏运动营、安踏希望班六大模块的特色项目。以体教融合的实践助力乡村振兴，致力于激发青少年对体育运动的兴趣，培养运动好习惯，让孩子们在运动中感悟体育精神，激发其正能量，使其形成健康的生活方式和健全的人格。

## 二、案例主体内容

### 背景/问题

2017 年，为了解欠发达地区教委、学校、家长及青少年运动、体育课的开展状况、对体育装备的需求程度等情况，安踏集团携手中国青少年发展基金会、上海真爱梦想公益基金会，对贵州、湖南、黑龙江、内蒙古的 35 个市（县、乡镇）、24 所学校、50 名校长老师、158 名学生家长、400 名学生进行了定性面谈，对 18 个省份、117 个国家级贫困县的 325 所学校、6758 名学生、5224 名家长进行了定量调研，调研对象达 12590 人。

2017 年 7 月 10 日，安踏集团发布的《中国贫困地区青少年体育现状调研报告》显示，中国有 13.75 亿人口，包括 3.67 亿青少年，其中有 4000 多万名青少年处于欠发达地区。调研发现，有 88.9% 的学生认为体育课重要，有 91.0% 的家长支持孩子参加体育运动；98.6% 的学校都有体育课，有 97.7% 的学生喜欢上体育课。与此同时，被调研的中国欠发达地区普遍存在体育课枯燥、专业运动装备欠缺、体育设施差、运动器材少，以及体育教师数量、专业性、教育能力严重不足等情况，体育教育水平的薄弱大大地制约了欠发达地区青少年体育教育的发展，导致其难以享受到均衡的体育教育。走访调研结果为安踏集团确定捐赠运动装备的种类和数量以及青少年体育素养的培养思路奠定了基础。

### 行动方案

正是基于对调研结果的分析和研判，安踏集团携手中国青少年发展基金会、上海真爱梦想公益基金会，在发布《中国贫困地区青少年体育现状调研报告》的同时，共同启动了"安踏茁壮成长公益计划"，并在真爱梦想公益基金会下设安踏茁壮成长专项基金。

在"安踏茁壮成长公益计划"1.0 实施阶段，项目主要从装备捐赠、素养教育及运动课程推广三大策略入手，为实现我国欠发达地区青少年对运动的期望提供切实有效的帮助。据统计，这一阶段安踏集团累计捐赠了价值 2.33 亿元的现金及装备，让 31 个省份中 3257 所学校的近 100 万名青少年受益；"安踏梦想中心"遍布中国 17 个省份 100 所学校，帮助孩子们获得身体素质和心智素养的提高。

### 1. 装备捐赠

为了践行"让中国欠发达地区每一个有需求的青少年都能穿上专业运动装备"的公益目标，让每一个怀揣运动梦想的青少年都能找到自己的发力点，感受运动带来的纯粹和美妙，安踏集团与中国青少年发展基金会合作，计划在十年内向全国 34 个省（自治区、直辖市）的欠发达地区"希望工程"所辖学校的青少年捐赠价值超 3 亿元的装备。

### 2. 素养教育

安踏集团与上海真爱梦想基金会合作共建"安踏梦想中心"，以"帮助孩子自信、从容、有尊严地成长"为目标，建立一个融网络、多媒体、图书和课堂为一体的，落地偏远地区学校的标准化素质发展空间。该空间从功能到内部装饰均由专业团队开发，提供以孩子为中心的 40 门跨学科梦想课程，如《理财》《去远方》《家乡特产》《身边的大自然》等，在为欠发达地区教育事业提供创新资源支持的同时，也为偏远地区青少年获取知识、了解世界打开了一扇窗。

### 3. 运动课程推广

针对欠发达地区体育教育枯燥、难以发挥促进身心健康作用等问题，项目为当地青少年打造了将奥运文化与青少年趣味运动相结合的运动梦想课程和"乐动汇"趣味运动会，旨在发挥体育对青少年健康成长的促进作用；以"超越自我"为指导思想，通过激发运动兴趣，培养青少年终身运动的意识，帮助青少年茁壮成长。此外，安踏集团还将体育专业资源带入公益项目，聘请专业运动员做孩子们的梦想教练。

2020 年 6 月，在项目实施三年后，安踏集团发布《茁壮成长公益计划三年效果评估调研报告》，10825 位调研对象参与其中。在线问卷调查 10797 人、学校实地走访 18 人、远程电话访问 10 人。调研发现：①茁壮成长公益计划实施三年后，专业鞋穿着率增加了 6 倍，专业运动服的穿着率增加了 12%。②体育运动参与度和兴趣均有提升。参与过运动梦想课和乐动汇的学生与没有参与过的学生相比，每天都运动的整体比例高出了 6%，且 64% 的学生表示参加体育运动的态度变得更积极主动。③一线体育教师培训效果显著。

受助地区的体育老师通过接受培训提高了职业素养和教学能力，100% 的体育老师表示扩充了专业知识，92% 的老师表示学习到了新的教育理念。家长也对体育及素养教育有了更积极的态度，80% 的家长表示会更多鼓励孩子积极参与运动。④运动梦想课大受欢迎。一线体育教师对运动梦想课的满意度高达 93%，学生满意度达 86%，有 87% 的学生表示越来越喜欢参加体育运动，63% 的学生表示身体协调性变好。

为孩子能拥有全面发展的成长环境而努力，让我国欠发达区的孩子通过"安踏茁壮成长公益计划"提升身体素质，用体育来提振精神风貌、健强体魄，是安踏公益的初心。"安踏茁壮成长公益计划"的多个参与方在实践中持续探索并丰富项目的公益内容与品质，不断对公益体系进行创新和优化升级。2020 年 9 月，"安踏茁壮成长公益计划"升级到 2.0 实施阶段，在继续强化"青少年体育公益"初心的同时，也开创了包含安踏装备包、安踏体育课、安踏梦想中心、安踏运动场、安踏运动营和安踏希望班六大模块的特色项目。

**（1）安踏装备包：** 安踏集团持续践行"让中国欠发达地区每一个有需求的青少年都能穿上安踏提供的专业的运动装备"的公益计划，向欠发达地区青少年捐赠专业运动装备，并继续加大捐赠装备的金额，计划 3 年捐赠 5 亿元安踏专业运动装备。

福建省南平市延平区太平中心小学的孩子
拿到来自安踏集团的装备

**（2）安踏体育课：** 在"安踏茁壮成长公益计划"1.0 版的基础上，安踏体育课还拓展到体育教育和师资更加落后的希望小学，针对希望小学的现状，开发"希望运动课程"作为现有体育课的补充，提升学生对体育运动的兴趣。通过线上线下组合方式培训一线体育教师，帮助其更新教学理念丰富教学内容和方法，

安踏体育课教师培训——江西站

提升专业体育教育水平。该模块已成为安踏集团可持续发展的、持续投入的青少年体育公益核心项目。

**(3) 安踏梦想中心:** 在"安踏茁壮成长公益计划"1.0版实施过程中,梦想中心对于学生综合素养及能力的培养获赞极高。在"安踏茁壮成长公益计划"2.0版中,安踏梦想中心将继续为青少年搭建全面发展空间,通过梦想课提升青少年素养教育,帮助他们迈向自信、从容、有尊严的未来。安踏梦想中心捐建的县进行安踏体育课全面覆盖,与奥运冠军、世界冠军等知名运动员联名的安踏梦想中心也逐渐多了起来。

贵州省遵义市绥阳县虹桥小学——安踏·邹市明梦想中心

云南省红河州开远市卧龙邑小学——安踏集团捐建全新的硅 PU 篮球场地

**(4) 安踏运动场:** 针对欠发达地区缺少运动设施和运动器材的学校,根据学校的实际需求,提供专业的操场、跑道、篮球架等体育设施,以及乒乓球台、乒乓球、羽毛球、篮球、足球等运动器材,改善运动环境,让学生能享受专业运动的快乐。

**(5) 安踏运动营:** 为在安踏体育课中表现优异的青少年开设运动营,让学生从大山中走出来,获得与陈露、武大靖、何可欣、程爽、郭丹丹等知名运动员面对面交流和学习的机会,为他们提供更专业的运动指导、更丰富的运动机会、更广阔的视野,用运动的力量激发欠发达地区青少年超越自我、茁壮成长。

**(6) 安踏希望班:** 为认真贯彻党的十九大精神,在云南红河和成都武侯各开设一个"安踏希望班",共招收 100 名家庭经济困难、品学兼优的学生,由安踏集团资助这些高中学子 3 年的学费及生活费,确保他们能够完成高中阶段的学业。这一项目旨在通过长期、可

"安踏冬奥有我"北京运动营——陈露亲自教授孩子们在冰面的站立姿势

云南省红河州一中安踏希望班的高中生终于实现了登上长城的夙愿

持续的教育资助，保障困境家庭优秀高中生继续学业，用超越自我的体育精神鼓舞高中学子创造更美好的未来。

除了体育教育外，"安踏茁壮成长公益计划"同样推动了受助地区青少年素养教育整体水平的提升，帮助学生逐步建立起更多元的价值观和世界观。值得一提的是，在北京冬奥筹备和举办之际，安踏集团还联合北京冬奥组委举办了"冬奥有我"主题公益行动，并在"安踏茁壮成长公益计划"下开展了筑梦冬奥运动梦想课、冬奥运动营、冬奥校园运动场三大项目，以公益之心推广冬奥文化、普及冬季运动，助力"三亿人参与冰雪运动"。活动期间，项目集结了全国各地的孩子一起学习冬奥知识、体验冰雪运动，并邀请冬奥项目世界冠军与孩子面对面互动，为孩子的体育梦想助力，共同分享奥林匹克的魅力与欢乐，切实感受运动带来的愉悦和精神鼓舞。

## 多重价值

安踏致力于让体育精神融入每个孩子的生活，通过自身资源与优势，不断创新企业社会责任实践，为这些青少年创造更完善的成长环境，帮助他们形成健康的生活方式和健全的人格。截至 2022 年 3 月，"安踏茁壮成长公益计划"实施 4 年半来累计捐赠已超 5.9 亿元，覆盖 31 个省份的 9632 所学校、373 万名青少年，捐建安踏梦想中心 156 间，培训一线体育教师 3158 名。至 2030 年，安踏将累计捐赠超过 20 亿元的现金及装备。到时，笑容将在 3000 万名来自欠发达地区青少年的脸上绽放。

### 未来展望

完全人格，首在体育。在城乡体育教育资配置不均衡的现状下，以体教融合的形式助力乡村振兴，以体育教育作为青少年扶体扶智的手段，为我国欠发达地区青少年创造接受体育教育和接触体育运动的机会，激发他们对体育的兴趣，在运动中感受和培养体育精神，正确认识竞争与合作、成功与失败，形成健康向上的人生观，为青少年的成长带来积极的影响。"体育在塑造青少年人格方面的作用是巨大的"，这既是安踏集团和管理团队的共识，也是体育公益的独特价值。

安踏集团希望通过坚持实施"安踏茁壮成长公益计划"产生一系列积极的影响，发挥示范引领作用，引导更多企业参与到体育公益行动中，不断完善体育公益服务体系，切实改善欠发达地区的体育教育生态。

作为项目的发起方，安踏集团认为：我们做公益项目，首先选择的是和自己企业本身从事的领域具有较强相关性的，秉承"让超越自我的体育精神融入每个人的生活"的使命，在以"让孩子享受运动带来的快乐"为主诉求的基础上推进各项工作，选择针对青少年群体做体育公益，目的就是希望通过联合各个利益相关方，切实改变我国部分欠发达地区孩子的体育运动现状。在提供装备、捐建器材设施、素养教育以及全面提升体育教师能力等方面建立的六大模块，是具备多元互补的组织结构特性的。

通过几年来的项目实施，我们很欣慰地看到了孩子和老师的变化，对很多受助学校对体育教育的重视程度起到了影响和推动作用，我们希望企业能成为一个体育教育的"撬动者"，在不断深耕的同时，也让边际效应越来越大，不断完善和建立健全体育公益的服务体系，切实改变亟待改善的社会问题，这才是未来的使命所在。

## 三、专家点评

体育教育会给孩子带来一生的积极影响，对改变精神贫困有巨大的作用，如果他们通过体育运动学会了敢于面对挑战，不怕失败，那他们所面临的"贫困"才能真正被改变。有像安踏集团这样有担当的大国品牌、民族品牌对公益持续的投入和关注，大家齐心协力，一定可以为乡村体育的振兴做出切实可行的贡献。

**——中国青少年发展基金会理事长  郭美荐**

安踏集团在体育公益上，并非看到某个问题便直接去解决，而是与社会中所有与此问题相关的组成部分发生关联，让它们持续为青少年体育生态投入各种力量，从而真正影响整个青少年体育生态，让孩子们爱上运动，把运动作为一种终身习惯，在运动中磨炼自己的心智，从而更加自信从容。我们欣喜地发现，这些美好的变化正在静悄悄地发生着。

——上海真爱梦想公益基金会理事长　潘江雪

企业在做好自身品牌提升的同时，也肩负巨大的社会责任。"让奥林匹克点亮青年梦想"是北京冬奥会的愿景之一，北京冬奥组委将与安踏共同创造载体，共同助力实现孩子们的梦想。一直以来，我们跟安踏都有良好的合作基础，多年来也在见证着这家公司通过做公益履行企业社会责任。"冬奥有我"这个项目就是强强联合，以体育为纽带，以冬奥为契机，将奥林匹克的精神文化传播到中国更多欠发达地区的学校，让更多的人爱上冰雪，共同助力"带动三亿人参与冰雪运动"的一次公益践行！

——北京冬奥组委市场开发部部长　朴学东

四海一家

中集集团

# 科技创领模块化建筑，
# 打造全球绿色建筑典范

## 一、基本情况

### 公司简介

中集集团是世界领先的物流装备和能源装备供应商，总部位于中国深圳。中集模块化建筑投资有限公司（以下简称"中集模块化建筑"）是中集集团旗下的全资子公司，致力于为全球酒店、公寓、商业办公、过渡房、学校、医院、楼宇式云数据中心、文旅、防疫应急等领域提供高质量钢结构集成模块化建筑一站式解决方案。经过十多年的发展，得益于中集模块化建筑体系和十几年海外各区域市场经验，中集模块化建筑已形成为客户提供立项审批、方案设计、深化设计、工厂制造、物流运输、现场建造、项目管理、金融服务一站式 EPC 交钥匙工程服务的能力，为全球客户提供行业领先的 EPC 总包服务，与投资商、开发商、建造商、材料和服务供应商等机构形成无缝对接的全球化产业链和生态圈。

中集模块化建筑的愿景是"成为全球领先的模块化建筑科技企业"，秉承"快速改善人居环境，成就绿色环保美好生活"的使命，科技创领绿色模块化建筑，为客户和社会打造更多绿色建筑，为世界人民提供更加舒适、安全、环保的生活空间。凭借先进的技术、高质量的产品和高效的建造方式，中集模块化建筑先后在英国、荷兰、澳大利亚、新西兰、日本、美国、中国、中国香港、挪威、冰岛、吉布提等国家和地区提供产品和服务，与希尔顿、万豪、洲际、雅高集团等联手，建立了长期稳定的战略合作关系；与海内外教育机构、医疗卫生机构及文旅机构建立了广泛的合作关系。此外，中集模块化建筑还成功地为知名互联网科技企业研发并实施了多个楼宇式模块化数据中心项目，成为 5G 时代新基建最具代表性的基础设施之一。

## 行动概要

中集模块化建筑属于箱式钢结构集成模块化建筑体系，是国家正在大力推行的装配式建筑类型之一。其优势在于将钢结构集成模块的理念最大程度地应用到装配式建筑领域，集设计、制造、建造、运输于一身，整合了中集集团的集成制造优势，可以实现一栋建筑 80%~90% 工程量在工厂预制完成，其中包括主体结构、水电系统、内部硬装甚至软装，施工现场只需要完成剩下 10% 左右的搭装工作，至少减少 50% 以上的现场施工时间，搭装现场基本无扬尘和建筑垃圾，最大限度地降低了传统建筑方式造成的环境问题，是目前建筑工业化的最高表现形式。

中集模块化建筑承建的冰岛万怡酒店既是万豪 Courtyard 品牌酒店在北欧地区的首家酒店，也是冰岛地区首个钢结构模块化酒店项目。该项目通过海陆联运，将预制生产的模块化建筑运输至项目现场，顺利实现了高效、绿色、智能的吊装搭建，并带来"多快好省"的多重优势：

**（1）多。** 项目交付后，受到了包括中国驻冰岛大使馆经济商务参赞处、酒店项目总包方 Adaltorg 公司等多方认可，既为冰岛乃至整个北欧的旅游业发展注入了新的动力，也为中国和冰岛两国经贸深化合作添光增彩。

**（2）快。** 模块化建筑在工厂预制生产、现场快速吊装的优势，使传统建筑装修工序 90% 以上可转移至工厂环境下完成，最大限度地保证质量和安全稳定性。受冰岛地区的气候影响，在每年只有 5~6 个月适合户外作业的情况下，该项目通过发挥模块化建筑体系的优势，将建造时间缩短了 50% 以上，仅用 4 个月就完成了酒店 78 间模块的生产、制造和质检，为当地建造带来极大益处。

**（3）好。** 因冰岛地域和气候差异，该酒店项目对钢材、防火、隔音、采光等材料的要求更高。中集模块化在建造模块过程中严格使用绿色环保材料制造，确保符合各项质量标准。

**（4）省。** 模块化建造方式本身具备的节地、节水、节能、节材、对施工周边环境影响低等绿色建筑特质使该项目建筑垃圾减少了 50% 以上。同时，模块化建筑可拆卸、可迁移、可循环使用，也实现了建筑全生命周期价值最大化。

## 二、案例主体内容

### 背景 / 问题

中集模块化建筑致力于研究和解决行业"短板"，我们发现传统建筑方式在社会和环境方面的痛点是当前明显和一直存在的，包括现场施工安全风险、现场施工对周边的环境影响（如噪声扰民、建筑垃圾处理、用水和污水排放等）、施工工期长（尤其是在新冠肺炎疫情影响下的物流配送、人员调配）、建筑全生命周期的环境影响（如不可拆卸、不可迁移、不可循环使用，只能报废处理）。

在全球应对气候变化的进程中，在"碳达峰、碳中和"的大背景下，全球客户和社会都高度关注传统建筑形式的革新创新，关注绿色建筑的推广应用。要解决这些问题，必须创新建筑模式，通过智能化制造、信息化生产及绿色建筑等其他技术的多重加持，将建筑工业化、建筑绿色化，通过装配式建筑以及不断迭代的各种创新建筑模式解决建筑行业的可持续发展问题，从而为建筑的环境友好和"碳中和"伟大愿景做出积极贡献。

以本项目面临的问题为例：①施工工期极短，现场作业安全风险高。冰岛地处北大西洋中部，背面紧贴北极圈，地处高纬度，处于冰岛低压中心附近，天气多变。极端的天气给现场施工和建筑质量安全带来了巨大的挑战，每年只有 5~6 个月适合户外作业。②质量要求高。该项目对钢材、防火、隔音、采光等材料的要求很高，既要符合北欧当地标准，也要符合更高、更严格的万豪酒店世界级质量标准。③绿色建筑的要求。冰岛作为旅游胜地，对绿色可循环建筑有追求、有倡议、有要求，包括减少建筑垃圾、减少施工对环境的影响、减少物资消耗、可循环使用等。④当地无可借鉴的成功案例。冰岛地区此前尚未有钢结构模块化酒店落成，公众和社会对模块化建筑这种工业化建筑创新的认知和信心不足。⑤克服新冠肺炎疫情带来的供应链和人力资源等负面影响。劳动力流动和物资运输不能正常进行，采购价格也不断上升；下游企业复工生产情况不一，建筑材料、中间产品等供应不足。另外，新冠肺炎疫情也给中集模块化建筑自身工厂的生产安全管理、疫情防控带来了更大的管理难度。

## 行动方案

中集模块化高度重视冰岛万怡酒店项目，发挥全球领先的模块建筑体系的优势，坚持智慧建造，注重品质管理，制订和实施了创新性的模块化建筑解决方案，达成高质量交付。

**（1）快速建造。**①在厂内建造环节，钢结构集成装配式建筑可在工厂预制生产建筑模块，预制率高达 90% 以上，可节约 50% 以上的现场施工时间。通过对钢结构的设计创新及工艺优化，还可进一步提升模块化产能。②在运输环节，采用海陆结合的联运方案，实现了建筑模块的高效运输。③在现场组装环节，采用"乐高积木式"吊装堆叠，确保高效、安全。

**（2）智慧建造。**①精心灵活设计标准房、有障碍人士房和功能房等设施。②依托 BIM 技术进行数字化设计、建造及施工，多专业平台协同设计，提前模拟建造，同时运用信息化手段为采购、工厂制造、现场施工以及后期运维服务。③大量使用预制装配式材料，使生产效率大幅度提升的同时减少了现场施工误差。④采用智能化的图档管理、原材料跟踪、品质管理等手段，确保过程质量具有完善的追溯性。另外，模块化生产也最大程度保证质量和安全的稳定性，每道工序都有精准、严格的质检标准。

**（3）绿色建造。**中集模块化建筑在建造模块过程中严格使用绿色环保材料制造。施工现场基本无扬尘、噪声排放低，建筑垃圾减少 50% 以上，对施工周边环境影响低。酒店建筑投入使用以后，还可进行拆卸、迁移和循环使用，充分体现了"绿色循环"的理念。

**（4）专业建造。**中集模块化建筑的建筑体系获得广东省钢结构科学技术奖一等奖，

厂内建造模块现场

模块发运仪式

运输现场

高质量的客房

拥有"轻型集成房屋设计制作与安装证书"特级资质证书，以及英国、澳大利亚、冰岛、美国、中国香港等 9 个发达国家和地区的建筑准入资质，通过了 ISO 9001、ISO 14001、OHSAS 18001 管理体系认证。中集模块化建筑多个项目被列为"十三五"国家重点研发计划绿色建筑及建筑工业化重点专项示范工程，行业经验丰富。在本项目上，中集模块化建筑也凭借先进的技术、高质量的产品和高效的建造方式实现了有序推进。

**（5）协作建造。** 为按时完成该项目，中集模块化建筑迅速成立了项目工作组，紧急协调资源，多部门通力合作，项目技术管理人员与设计团队密切协作，采购人员短时间内完成材料选型，制造基地各级干部和员工全力生产，在新冠肺炎疫情压力下，共同完成项目目标。此外，供应链合作伙伴及顾问单位也提供了高质量的产品和专业的服务，为项目推进做出了巨大贡献。

## 多重价值

### 经济效益

冰岛万怡酒店项目的成功落成，标志着中集模块化建筑在北欧市场实现了里程碑式进展，正式打开了北欧市场，将为中集带来新增市场和营业收入，也为稳定中集模块化建筑员工就业起到积极作用，为中集模块化建筑上下游合作伙伴的业务保持稳定及增长、为地方经济做出贡献。

同时，旅游和休闲度假是冰岛重点发展的产业，随着雷克雅未克机场万怡酒店顺利落成，当地酒店需求旺盛，项目也将为冰岛乃至整个北欧的旅游业发展注入新的动力。

### 社会效益

冰岛万怡酒店项目为中国和冰岛两国经贸深化合作添光增彩。在国家"一带一路"倡议进入全面实施新阶段，中冰两国不断深化合作，互利共赢。2021年12月8日，在中国与冰岛建交50周年纪念日之际，本项目

中集模块化建筑承建冰岛万怡酒店，作为中冰合作的优秀成果案例在冰岛大使馆展出

作为中冰合作的优秀成果案例在冰岛大使馆展出。另外，作为冰岛地区首个钢结构模块化酒店项目，该项目也为地区建设"可持续城市和社区"提供了良好的基础设施，促进了地区的"负责任消费和生产"。

### 环境效益

本项目施工现场粉尘少、噪声少、建筑垃圾少，大大地降低了对酒店周边环境的影响。中集模块化建筑的创意让不动产动起来，使房子也能绿色循环再利用，为万怡酒店创造了一个循环使用的机会，即模块化建筑可拆卸、可迁移、可循环使用，实现了建筑全生命周期价值最大化。同时，这种创新的模块化绿色建筑技术为当地提供了新的绿色建筑范本，引领了地区绿色建筑的推广和发展，促进了"气候行动"的实践和进程推进。

### 未来展望

立足当下，放眼未来，建筑装配化、工业化的发展正当其时。中集模块化建筑坚持发

广东中集建筑制造有限公司成为
江门市科普教育基地

广东中集建筑制造有限公司联合举办
小记者探访活动

展钢结构装配式建筑并不断取得突破和成功，为新时代的企业提供了很好的启迪和借鉴。

（1）使命驱动，方能砥砺前行。中集模块化建筑在中集集团"成为所进入行业的受人尊重的全球领先企业"的美好愿景鼓舞下，始终坚持"快速改善人居环境，成就绿色环保美好生活"的使命，不忘初心，坚定不移推进可持续发展战略。

（2）发挥优势，强化科技创新，迎接可持续发展挑战。中集模块化将继续以中集创新、中集速度和中集品质打造一个个精品工程。

（3）商业向善、科技向善的时代已经来临，企业的经营和创新必须要解决客户和社会的痛点。"行业短板、社会需求、国家倡导"会是企业发展的方向。

（4）在全球应对气候变化并实现"碳达峰、碳中和"的大背景下，绿色产品和绿色服务是提升企业可持续竞争力、投身"一带一路"伟大事业的"金钥匙"。

展望未来，中集模块化建筑将继续积极探索建筑"碳中和"目标和路径，深耕箱式钢结构集成模块化建筑体系，同时应对更进一步的挑战。例如：降低成本，提供更高性价比的产品；量化模块化建筑的碳足迹；进一步传播模块化建筑的新建筑理念，提高客户和社会的接受度；持续提升数字化能力、大力培养专业人才；等等。

中集模块化建筑的发展，既是对产品升级、商业模式创新、全球化运营的积极探索，是中集产业的转型升级，也是"中国制造"向"中国创造"转型的一个缩影。通过将先进建筑制造体系引入和迭代创新，将集装箱技术延伸至建筑领域，实现在车间流水线上制造房子，填补了世界建筑模块化技术空白。中国模块化建筑让全球各地在"搭积木"中找到了绿色转型之路，也为全球抗击新冠肺炎疫情提供了新模式、新思路：当紧急公共卫生事件爆发时，模块化建筑将为医疗建筑的新改扩建提供一种全新的、高科技的解决方案，成为建设医疗设施的中流砥柱。

未来，作为广东省装配式建筑产业基地、深圳市唯一一家综合产业类装配式建筑产业基地，中集模块化建筑将继续履行模块化行业中坚力量应有的担当，推动钢结构建筑行业转型升级，为建筑绿色转型、构建新发展格局和实现高质量转型发展提供有力支撑。

同时，中集模块化建筑作为可持续发展的绿色新型建筑代表，将持续遵循习近平总书记建设美丽中国的倡导，践行全球绿色低碳的可持续发展理念，沿着"一带一路"将中国制造与中国建筑带到海外，在全球范围内打造绿色建筑典范。

# 三、专家点评

中集集团在践行可持续发展和担当企业社会责任方面，积极探索，不断创新，将企业社会责任融入提供产品和服务的过程中。集团旗下子公司中集模块化建筑投资有限公司响应和落实联合国可持续发展目标，开发出了高质量钢结构集成绿色模块化建筑一站式解决方案，形成了为客户提供包括立项审批、方案设计、深化设计、工厂制造、物流运输、现场建造、项目管理、金融服务在内的一站式EPC工程服务的能力，培育了与投资商、开发商、建造商、材料和服务供应商等机构形成无缝对接的全球化产业链和生态圈，为客户和社会打造更多的绿色建筑，为世界人民提供更加舒适、安全、环保的生活空间。

绿色建筑模块化方法，实现了基于钢结构装配式快速建造能力、基于环保材料制造的环境友好能力、基于多场景设计的多元应用能力，以及基于"30·60"碳中和路径的创新能力，将产品和解决方案落实在了碳达峰碳中和整体目标中，做出了有实效的有益探索。

在实现良好经济表现的同时，中集集团也创造了积极的社会效益和环境效益。我们很高兴地看到，中集集团正继续基于"深化责任治理、应对气候变化、助力全球物流、彰显企业关怀"重点领域，采取积极有效的行动，不断创造佳绩。

**——全球报告倡议组织董事，中国 CSR 智库副理事长　吕建中**

**科技赋能**

国网苏州供电公司
# 首创"动态防雷"模式，
# 最大化减少雷电灾害

可持续发展
目标

## 一、基本情况

### 公司简介

国网苏州供电公司是国网江苏省电力有限公司所属特大型供电企业，营业区辖常熟、张家港、太仓、昆山4个县级市和姑苏、吴中、相城、吴江、工业园区、高新区（虎丘区）6个区，服务用电客户583万户。

近年来，国网苏州供电公司在国家电网有限公司和国网江苏省电力有限公司的指导下，围绕联合国可持续发展目标，以苏州建设国际能源变革发展典范城市为契机，将可持续发展与企业运营相融合，通过大力推进清洁能源开发利用、优化营商环境等举措，率先构建清洁低碳、安全高效的城市能源体系，为全球能源可持续发展探索"苏州路径"。

国网苏州供电公司先后荣获"实现可持续发展目标2018先锋企业""第二届联合国可持续发展优秀实践""联合国全球契约青年SDG创新者项目暨首届中国青年SDG创新挑战赛金奖"等荣誉，项目团队受邀在联合国全球契约青年SDG创新者峰会发布了《动态防雷——全球气候变化下的新型雷电防护解决方案》，一名员工获评"2020联合国可持续发展目标中国先锋"。

## 行动概要

国网苏州供电公司将解决全球性雷电危害问题与电网创新防雷技术有机结合，在全球整合优势资源和科研力量，形成了以全球性问题为导向、以青年组织力量为主体、产学研通力合作的创新模式，首创了基于"跟踪、预测、控制"的主动型"系统级"动态防雷体系，实现了多方面的突破与创新。

**（1）多方合作，国内外共同解决全球问题。**聚焦全球气候变化中雷电活动影响下的可持续发展问题，联合瑞士洛桑联邦理工学院、中国电力科学院以及石化、交通等行业的利益相关方，主导组建了三大类青年创新团队，联合国内外科研机构、设备厂商以及石化、交通等领域的企业，推动产学研贯通，主导承担世界首个"动态防雷"国际标准制定工作，致力于提升全行业的雷电防护水平。

**（2）转变思维，事前控制，最大限度地降低损失。**借鉴"堵不如疏"的思想，通过创新雷电传感、智能预测和协调控制等技术手段，将"雷电探测及跟踪""稳定性计算及多维预测""非线性协调控制"三者有机结合，提前预判雷击危害，实现超前调节控制，最大限度地降低雷电活动给各行业带来的安全风险和损失。

**（3）创新模式，推动防雷技术普适性应用。**针对电网整体而非单一设备，创新研究应用主动型"系统级"的动态防雷模式，已在苏州成功投运了首套地区级"智能电网动态防雷系统"，挽回经济损失超 1 亿元。同时，该技术已实现在电网、石化、铁路等行业的推广应用，并积极推进在信息、运输、旅游、制造、航天等行业的普适性应用，保障各行业在雷电极端天气下避免灾害与损失。

# 二、案例主体内容

## 背景 / 问题

随着全球气候变暖，极端天气增多，雷电活动日益频繁。根据国际防雷大会等机构发布的报告，近十年全球范围内雷电活动增加了 12%；预计 21 世纪末，全球雷电活动将增加 50%。作为我国十大自然灾害之一，雷电每年引发事故 3000 余起，每年因雷电事故造成的各类经济损失的总额高达数十亿元，深刻影响着能源生产、交通运输、信息通信、户外作业等多个领域，严重威胁人类社会可持续发展。

然而，自 200 多年前富兰克林发明避雷针以来，全球防雷思路并未发生本质的变化，即通过安装大量的避雷针或避雷器等装置，来降低雷电对设施的危害。随着社会的发展和电网规模的增长，传统的防雷装置相应地成比例增加，造成大量的土地资源被占用和经济成本投入。因此，在全球气候变化的挑战下探索经济、安全、便捷、可持续的防雷解决方案，已成为一个世界性难题。

## 行动方案

国网苏州供电公司全面对标联合国可持续发展目标，将解决全球性雷电危害问题与电网创新防雷技术有机结合，联合佛罗里达大学、洛桑联邦理工学院、里斯本大学、中国电力科学院、东南大学、武汉大学、上海电器科学研究所（集团）有限公司以及石化、交通等行业的利益相关方，形成了以全球性问题为导向、以青年组织力量为主体、产学研通力合作的创新模式，构建了基于雷电实时跟踪的全局性、主动型的动态防雷体系，承担了世界首个"动态防雷"国际标准制定工作，通过国际化的项目合作和学术交流，为提高全球各行业雷电防护水平贡献力量。

### 1. 聚焦全球气候，转变思维方式

全球气候变化带来的雷电活动日益频繁，国网苏州供电公司考虑到传统电网防雷手段是通过安装避雷器等装置来保护设施的，其实是一种"堵"（防堵）的思路，然而随着经济的快速发展，相应的防雷装置会成比例增多，必然意味着更多的土地被占用以及设备成本、建设运维等资源投入。"从经济成本和安全等级的可持续发展角度考虑，是否可以采取新的防雷思路？"国网苏州供电公司基于可持续发展理念，借鉴大禹治水"堵不如疏"的思想，提出了"动态防雷"的创新思路，即充分运用雷电探测技术、电网控制技术、信息通信技术等，通过实时跟踪雷暴位置、提前预测雷击风险点和主动实施超前控制，利用智能灵活的"动态"调节方式最大限度地减轻雷电灾害。这其实采取的是"疏"（疏导）的思路，旨在利用智能化手段提前疏导雷击危害，实现"防雷患于未然"。

### 2. 对标联合国 SDG 目标，明确实施方案

然而，"动态防雷"方案在国际上并没有现成的经验可供借鉴，是一个"无人区"，同时由于涉及"雷电探测及跟踪""稳定性计算及多维预测""非线性协调控制"等技术难题，更是一个"攻坚区"。

国网苏州供电公司从联合国可持续发展目标中找到思路，将电网防雷技术与解决全球性雷电灾害问题相结合，进一步明确了"动态防雷"的具体解决方案，即通过雷电

国网苏州供电公司投运全球首套地区级的"智能电网动态防雷系统"

实时感知、雷击预测、防雷调控等步骤，构建一种基于雷电实时跟踪的主动型"系统级"雷电防护模式，有别于在雷击时全面防堵的传统防雷手段，动态防雷强调事前精准预测、主动调控，在雷害发生前主动有针对性地动态调整或负荷转移，并可通过系统互联实现防雷区域的延伸。

"动态防雷"的具体做法包含以下三点：一是对标联合国可持续发展目标 SDG9，通过集约化的基础设施建设创新技术手段，只需要一个传感器和一套系统，即可实现 1 万平方千米的雷电监测和 1000 平方千米以上的防雷保护；二是对标联合国可持续发展目标 SDG7，通过智能化的系统管控，首创基于"跟踪、预测、控制"的动态防雷体系，并且围绕"双碳"目标，将可再生能源调控引入动态防雷系统，保障了清洁能源的控制与消纳；三是对标联合国可持续发展目标 SDG13，基于雷电影响范围广的特点，提升动态防雷系统的扩展性能并降低推广成本，通过雷电预测数据服务等六种商业模式在各行业的推广应用，提升全社会抵御雷电灾害的水平。

### 3. 组建青年团队，协力推进攻关行动

在推动可持续发展的世界议程中，青年是至关重要的力量。联合国秘书长安东尼奥·古特雷斯曾说："青年人承载着我们对更美好世界的希望。我们只有赋权青年人，将他们培养成为领袖，才能实现可持续发展。"

国网苏州供电公司项目负责人童充是我国首位国际防雷"杰出青年科学家奖"获得

者。他表示:"我们深刻认识到,企业的可持续发展离不开青年的接续传承,我将尽最大的努力,带动更多青年投身于可持续发展的进程。"在他的带动下,国网苏州供电公司联合各利益相关方分层次构建国际大电网苏州青年科学委员会、"苏供·电博士"SDG

"苏供·电博士"SDG 青年创新团队在"联合国全球契约青年 SDG 创新者项目暨首届中国青年 SDG 创新挑战赛"中荣获金奖

青年创新团队、国际大电网动态防雷研究柔性团队三大青年团队,充分发挥了青年高学历人才的专业能力和创新激情,为电网防雷技术创新项目做出了巨大的贡献。

其中,国际大电网苏州青年科学委员会重点推动国际化合作交流,按照阶段性重点工作制定计划表,定期沟通推进项目进展;国际大电网动态防雷研究柔性团队重点支撑研究进度,参与技术层面的相关事务,如与合作高校开展仿真建模及相关实验、野外试验和实际应用,主导技术报告、发明专利、学术论文撰写,主导各类科技项目的推进。同时,国网苏州供电公司全力支持"苏供·电博士"SDG 青年创新团队参加联合国全球契约青年SDG 创新者项目,为培育青年团队创新思维和基于可持续发展视角改进动态防雷解决方案提供良好的平台,保障青年团队以科技引领性、可持续发展专业力、快速学习力、深度思考力、实操能力为动态防雷创新项目做贡献。

### 4. 开展跨界合作,促进技术普适应用

国网苏州供电公司意识到"雷电防护不是电网单一领域的事情,更是石化、交通等各行业共同的命题",因此致力于通过降低技术成本、推动多方合作,提升全社会雷电防护水平。国网苏州供电公司主动识别动态防雷技术研发应用所涉及的高校、科研机构、产业集团以及航天、石化、交通、运输等利益相关方,通过现场调研、实地走访、推进会、鉴定会、学术交流会等方式,充分发挥各方的资源优势,满足各方的合理诉求。逐步构建起以国网苏州供电公司为牵头单位,政府、高校、科研机构以及石化、交通、运输等领域企

业充分参与的多方合作机制，定期召开项目磋商会议，达成合作共识。

其中，国网苏州供电公司、高校、科研机构为防雷技术研究的主力军，国网苏州供电公司主导理论研究与研发应用方向；高校、科研机构辅助理论研究、仿真分析与试验等工作，为技术改进提供反馈意见和优化升级指导；产业集团推动技术产品化，并推广应用到各领域；国网苏州供电公司和石化、交通、运输等领域企业作为技术的实际应用单位，为技术实现从理论到应用的转变提供平台，并在应用过程中反馈意见，为技术的改进提供参考依据和建议；政府单位为防雷技术的创新研发与应用提供政策支持，并在后期将防雷技术成果应用于气象部门预警，充分发挥防雷技术的综合价值。

### 5. 引领国际担当，提高全球雷电防护水平

国网苏州供电公司以联合国全球契约青年 SDG 创新者项目、国际大电网雷电会议等国际平台为依托，在全球范围内推动普及动态防雷理念和技术。2021 年 9 月，"苏供·电博士" SDG 青年创新团队在"联合国全球契约青年 SDG 创新者项目暨首届中国青年 SDG 创新挑战赛"中荣获金奖（全国仅两个），是唯一获得该项荣誉的中央企业团队，并作为全球受邀的 32 个团队之一，参加了"联合国全球契约青年 SDG 创新者峰会"，面向全球 1.5 万名与会者直播发布了 SDG 创新方案——《动态防雷——全球气候变化下的新型雷电防护解决方案》，向世界展示了中国企业推动可持续发展的实力和中国青年的创新力量。

同时，国网苏州供电公司主导了全球共同研究和解决雷电领域世界性难题的国际防雷合作项目——"雷震子 Resonance 计划"，聚焦雷电预测和溯源技术等雷电研究领域，在国内联合东南大学、武汉大学、中国电力科学院等单位，在国际上联合洛桑联邦理工学

国网苏州供电公司"智能电网动态防雷系统"

"苏供·电博士" SDG 青年创新团队在"联合国全球契约青年 SDG 创新者峰会"发布创新成果

院、博洛尼亚大学、乌普萨拉大学等机构,推动雷电防护领域的基础科学研究和相关技术的国际标准化,承担了世界首个"动态防雷"国际标准制定工作,努力为提升全球各行业雷电防护水平做贡献,面向世界展现企业致力于推动全球气候变化下雷电防护领域可持续发展的"中国智慧"。

## 多重价值

**经济价值:**"动态防雷"有效解决了雷电预警难题,可为企业、政府单位等及时启动雷电应急预案争取宝贵时间,减少雷电造成的经济损失。结合本成果建立的苏州地区人工智能动态防雷系统,系统雷电监测范围 1 万平方千米,保护范围覆盖 1000 平方千米以上,有效控制率达 95% 以上,有效预测准确率达到现有同类系统的 139% 以上,有效保护率最高可达 80% 以上,各项主要性能指标均达到了世界领先水平,2019~2021 年挽回经济损失超 1 亿元,有效支撑了经济社会发展。

**社会价值:**国网苏州供电公司聚焦全球气候变化中雷电活动影响下的可持续发展问题,联合国内外科研机构、设备厂商和多领域企业共同推动"动态防雷"的普适性研发应用。由于该项目高精度雷电探测和预测的普适性、良好的扩展性能和极低的边际成本,该技术已经在江苏电网、华中电网、海南电网以及石化、铁路等行业推广应用,并可推广到能源、信息、运输、旅游、制造、航天等行业,助力各行业最大限度地减少雷电灾害。

**环境价值:**苏州地区人工智能动态防雷系统创新性地加入分布式可再生能源调控,实现了对各分布式电源及微网的协调控制技术,可以解决微电网在雷电气候条件下的智能控制和可再生能源发电量预测,适应未来气候变化及太阳能、风电等分布式能源增多的趋势,助力苏州大力发展可再生能源。

## 未来展望

未来,国网苏州供电公司将对照联合国可持续发展目标,持续聚焦全球气候变化下的雷电危害问题,主导发布世界首个"动态防雷"国际标准,主导实施国际防雷合作项目"雷震子 Resonance 计划",牵头举办国际大电网雷电会议(中国首次承办全球电力系统最大的雷电会议),集聚全球力量共同攻克雷电领域世界性难题,推动雷电防护领域的基础科学研究和相关技术的国际标准化,为提升全球各行业雷电防护水平做贡献。

同时,国网苏州供电公司将通过专利授权、雷电预测数据服务、防雷方案定制、代运维服务等商业模式,推动动态防雷技术在各行业、各领域推广应用。例如,在交通领域,通过雷电预测辅助车辆智慧调度；在石化领域，智能预警雷电天气下的仓储风险；在户外作业领域，通过与无人机引雷相结合，有效地解决海上钻井平台的雷电防护问题。

# 三、专家点评

"动态防雷"项目研究成果攻克了智能电网动态防雷的跟踪探测、联合预测和协调控制的难题，具有显著的社会效益、经济效益和推广应用前景，项目整体处于国际领先水平。

——中国工程院院士　潘垣

随着气候变化，全球雷电活动显著增多，人类社会的雷电防护面临新的挑战。"动态防雷"是一种开创性的有效模式，我们将全力支持这方面的研究。

——国际防雷科学委员会主席　V. Cooray

由于全球变暖，预计21世纪的雷电活动将增加50%。我全力支持"动态防雷"等新兴雷电防护技术，以更有效地保护人身安全以及各行各业的安全。

——国际雷电研究中心负责人　V. Rakov

"动态防雷"是一项革命性的雷电防护技术，不但得到了国际雷电学术界的广泛认可，而且被认为是代表未来的"划时代"成果。

——洛桑联邦理工学院教授、国际大电网组织专委会瑞士代表　F. Rachidi

科技赋能

德勤中国

# "公益小勤人"
# 助力公益基金会数字化转型

## 一、基本情况

### 公司简介

德勤是全球领先的专业服务机构, 通过遍及全球逾 150 个国家与地区的成员所网络及关联机构为财富全球 500 强企业中约 80% 的企业提供专业服务。1917 年, 德勤在上海设立办事处, 德勤品牌由此进入中国。如今, 德勤中国为中国本地企业和在华的跨国及高增长企业客户提供全面的审计及鉴证、管理咨询、财务咨询、风险咨询和税务服务。

一直以来, 德勤中国十分重视并积极履行企业责任, 2015 年发起成立了德勤公益基金会, 对企业责任许下了长期承诺。近年来, 德勤中国积极响应国家乡村振兴战略和"双碳"目标, 制订了"智启非凡计划"和"智护地球计划"两项公司长期战略, 并分别于 2019 年和 2021 年正式启动, 致力于到 2030 年, 在助力乡村人才振兴和实现净零排放两大社会发展关键领域做出积极贡献。结合企业责任的长期 (十年) 目标和短期 (一年 / 三年) 计划, 目前德勤已建立了自身的慈善机制, 持续稳步地开展公益专业服务、志愿服务和资助合作三类公益项目, 在社会影响力方面不断加大投入。据德勤中国《社会影响力报告》公开披露, 其连续多年在社会影响力各方面的年度投资总额超过 2000 万元，年度志愿服务和公益专业服务时长超过 30000 小时。

在德勤中国开展的三类公益项目中，最具特色的是"公益专业服务"。德勤公益基金会协调德勤中国专业服务团队利用专业智慧和能力，将商界领先的专精技能和解决方案以无偿公益服务的形式运用到公益领域，助力社会发展，创造积极的社会影响力。目前，德勤多条业务线专业服务团队开展了多个公益专业服务项目，涉及乡村振兴产业规划、公益组织战略规划、公募基金会互联网筹款自动分账对账和数据可视化分析、公益项目数字化转型等领域。

未来，德勤中国将继续利用自身的专业智慧和能力，通过创新的方式和科技的力量，与政府、企业及公益组织等并肩协作，推动社会的可持续发展。

### 行动概要

"德勤公益小勤人"项目由德勤审计及鉴证和税务数字化团队将智能机器人——"公益小勤人"应用到公益领域，用企业级数字化解决方案助力公益行业发展。通过运用机器人流程自动化、商业智能分析等多项成熟的数字化技术，历时 4 个月，设计并开发了"公益小勤人"，通过将互联网筹款分账标准化、数据可视化，展现及分析服务，将公益机构的员工从繁重、枯燥的分账对账工作中解放出来，使其可以将更多精力放在核心工作上。截至 2021 年 7 月，"公益小勤人"完成了向国内 6 家大型公募型基金会的交付工作，其中 2 家基金会已在日常工作中使用"公益小勤人"开展自动化分账对账以及捐赠数据的管理和分析。

## 二、案例主体内容

### 背景 / 问题

近年来，国内互联网与公益领域日益深度融合，改变了传统的捐赠方式。便利的互联网捐赠为个人捐助意愿和参与体验带来了巨大提升，让人人公益、随手捐赠的生活方式成为可能。然而，互联网捐款为公众参与公益带来便利的同时，却因捐赠笔数海量但单笔捐赠额度小的特点，使其分账、对账以及数据分析工作成为公益机构的一大难题。接收捐款的公益机构需要安排专人一笔一笔地对捐款进行核对分账，只有在分账工作完成之后，善款才能按捐赠人的意愿分配到相应的项目中，帮助到有需要的群体。这一公益机构的痛点和难点问题，引起了德勤数字化团队专业人士的关注。

## 行动方案

面对公益机构的难题，作为全球机器人认知自动化领域的行业领导者，德勤凭借在流程自动化、人工智能与机器学习方面积累的丰富服务经验，帮助众多行业和大型企业开启了自动化之旅。"公益小勤人"作为德勤率先推出的智能机器人流程自动化解决方案，可将客户企业的员工从高频、烦琐、重复的工作中解放出来，提升企业运营效率，促进企业数字化变革与转型。

"公益小勤人"源于 2019 年德勤数字化团队员工为上海真爱梦想公益基金会开展的"公募捐款平台自动化对账"公益项目，在运用"公益小勤人"帮助公益机构的工作人员减小工作负担、提高业务准确性的过程中，验证了机器人流程自动化等企业级数字化解决方案对公益机构的适用性以及在改善公益机构对互联网捐款的管理能力、进一步促进基金会透明度和公信力提升方面起到了积极作用。该志愿服务项目也因此获得了 2019 年 UiPath Power Up 全球黑客马拉松"最有动因的机器人流程自动化奖"。

为了让更多公益机构受益于自动化技术带来的便利，2020 年初，德勤公益基金会和德勤数字化团队携手将这一商业领域企业级的数字化解决方案应用到了公益领域，运用机器人流程自动化 (Robotic Process Automation, RPA)、商业智能分析 (Business Intelligence, BI) 等成熟的数字化技术，设计并开发了德勤"公益小勤人"。通过提供互联网筹款账单自动获取及分账功能，支持全量原始账单和分账明细的高效数据库以及互联网筹款数据可视化展示与分析面板，将公益机构的员工从繁重的对账工作中解放出来，将更多精力放在核心工作上。

2020 年 1 月 8 日，由德勤公益基金会与德勤中国数字化团队主办的"RPA (机器人流程自动化) 技术助力公益透明"主题研讨会在德勤北京办事处举行，项目团队向参会的机构介绍了 RPA 技术，并与 12 家公益机构进行了研讨，探索将 PRA 技术运用到互联网捐赠善款的自动化分账和对账中的可行性。

2020 年 3~7 月，项目团队确定首期合作的 5 家基金会，历时 4 个月，通过业务流程案例分析和痛点分析，运用 RPA 技术设计并开发了通用版德勤"公益小勤人"。"公益小勤人"可以 24 小时全天无休地自动处理互联网捐款的分账对账工作。

2020 年 7 月 10 日，由德勤公益基金会和德勤数字化团队共同主办的"公益小勤人"培训营在德勤北京、上海的办公室及线上同步举行，5 家首批合作基金会参与了培训。

德勤数字化团队向合作基金会介绍"公益小勤人"

德勤数字化团队为合作基金会测试"公益小勤人"

2020 年 8 月，德勤"公益小勤人"完成测试并上线交付，助力合作机构处理互联网募捐善款的自动化分账、对账和数据分析。在 2020 年的"99 公益日"上，德勤"公益小勤人"助力其中的 4 家大型公募基金会在活动结束翌日就完成了 168 万多笔、超过 7600 万元捐款的分账对账工作，准确率接近 100%。

### 多重价值

德勤"公益小勤人"着眼公益行业需求，将商业领域企业级的数字化解决方案以公益专业服务的形式引入公益行业，助其解决痛点、难点，极大地改善了公益机构对互联网捐赠善款的管理能力，显著地提高了财务工作的准确性，助力公益机构及时披露善款的使用，使公益机构在筹款工作中更具公信力，也有效地推进了"互联网+"时代公益机构的数字化转型。

德勤中国每年开展多个公益专业服务项目，其显著特点就是以不收费的方式为公益机构提供某个领域的专业服务。这种形式突破了企业参与公益事业传统的捐款或者捐物形式，不但可以精确瞄准公益机构面临的具体问题，从而提供解决方案，同时还能发挥企业特长，形成更广、更深的社会影响力。"公益小勤人"从一开始就着眼于将德勤的专业智慧和公益行业需求相结合，瞄准公募型基金会对海量小额互联网捐赠善款的手动分账对账以及捐赠数据管理和分析的难题，是企业以公益专业服务的形式参与解决某个社会问题的创新尝试。

同时，合作公益机构深入参与前期讨论，使德勤"公益小勤人"兼顾大部分公募型基金会的需求，从而在以下几个方面有显著的社会价值：

● 通过前期和各基金会的深入讨论和梳理，标准化了公募基金会互联网捐赠善款的分账对账流程，给出了一套标准化操作流程，不但优化了工作流程，提高了效率，也促进了公募型基金会对与其共同发起互联网筹款项目的公益机构的标准化管理。

● 极大地改善了公益机构对互联网捐赠善款的管理能力。相比公益机构每月或每两周一次的人工分账对账,"公益小勤人"实现了每天开展互联网筹款账单自动获取及分账、对账,大幅提高了分账、对账的效率和频率,不但提高了分账效率,而且也提高了分账的准确性,意味着捐赠善款可以更快地被使用到捐赠方指定的项目中。另外,"公益小勤人"还能支持全量原始账单和分账明细的高效数据库,并可追溯,将相关财务数据完整留存,提高了基金会的合规能力,以更好地满足内外部的审计要求。

● 强大的 BI 分析面板可以对不同公益项目在不同时间段、不同筹款平台上的筹款数据进行分析、整理和可视化展示,为机构的决策提供有效依据。

● "公益小勤人"解决方案在设计之初就着眼行业需求,充分考虑了通用性和可推广性,适用于对互联网捐赠善款的分账有极大需求的公募型基金会,在互联网善款的管理和使用效率上有更大的潜力,从而更好地帮助各家机构开展公益项目,进而解决他们面临的社会问题。

## 利益相关方评价

终于有机构看到了公益行业在数据处理上的迫切需求和痛点。"公益小勤人"满足了各个部门对项目数据多元化的统计需求,及时而且准确。在大数据的分析、趋势变化和结果呈现上,"公益小勤人"都为管理层提供了非常科学的决策支持,且一目了然,有理有据。相信这样的改变必然会不断地提高公益机构的公信力和影响力,进而提升整个公益行业的专业度,增强广大捐赠人对公益行业的信任和支持,最终促进行业的良性循环和健康发展。

——海南成美慈善基金会秘书长 刘英子

以前我们单凭人工去核对每一笔钱是哪个项目的,然后结算出账目,财务的压力是非常巨大的。现在有了"公益小勤人"的帮助,我们在这些方面完全就没有问题了,同时对于提升透明度、公信力也是有很大帮助的。

——中国社会福利基金会副秘书长 王伏虎

德勤"公益小勤人"助力公益组织的数字化发展,帮助我们更容易和更清晰地做好分账工作,给我们的工作带来了特别大的改变,让我们可以更多地解放人力来做更重要的事情。

——中华少年儿童慈善救助基金会副秘书长 姜莹

## 未来展望

"公益小勤人"的优势在于帮助公益行业完成了一次数字化转型的尝试，实现了信息的高速处理和数据的透明展示，协助财务部门进行快速分账以及报表生成。预计每年可帮助使用"公益小勤人"的公益机构完成共计约 4 亿元互联网捐赠善款的自动化分账、对账，数据分析及可视化展示。

不过，目前"公益小勤人"还存在一些局限性，并未满足所有业务需求。例如，由于大部分捐款来自支付宝、微信支付，且每个支付平台单独开发一套功能的工作量较大，故目前只选择了支付宝和微信支付的分账自动化，并未覆盖所有的线上筹款平台；且由于当前市面上并没有关于互联网筹款的成熟的数字化解决方案，在业务流程设计上与成熟的企业解决方案还存在一定差距。

未来，德勤可以根据自己专业领域的研究及数字化转型的实践，结合公益行业的特点，开发一套成熟的满足多部门需求的系统，帮助公益行业进一步实现互联网筹款的财务资金数字化管理。期待未来德勤的"公益小勤人"在公益领域大显身手，将更多领先的商业数字化技术运用到公益行业，助力公益领域透明、健康发展，推动社会释放更多的善意和温暖。

# 三、专家点评

数字化与可持续发展的融合，已然成为时下最前沿的话题和很多企业的前沿实践。德勤"公益小勤人"无疑是一项公司内部企业家（Intrapreneur）进行社会创新的成功案例。

该行动不仅具有报告中所呈现的社会效益，更蕴含着深层次的管理创新潜力。

从内部来说，"公益小勤人"可以对内部员工产生积极的激励，促进员工在认知和情感方面进一步加深对公司价值观的认同，并进一步带动更多"公司内创业"（Intrapreneurship），促进社会创新。从外部来说，"公益小勤人"项目向同行及其他科技企业清晰地展现了"科技向善"的具体实践。希望德勤的这一实践产生"涟漪效应"，带动同行业乃至其他科技企业更加深入思考企业社会责任与科技向善的对接，进而让科技赋能可持续发展成为丰富而生动的实践。

——西交利物浦大学国际商学院副教授 曹瑄玮

科技赋能

国网无锡供电公司
# 电力警"报"助力太湖蓝藻治理

## 一、基本情况

### 公司简介

位于太湖之滨、运河之畔的国网江苏省电力有限公司无锡供电分公司(以下简称国网无锡供电公司),是国网系统中最年轻的大型供电企业,肩负着为无锡市384万用户提供安全、经济、清洁、可持续电力供应的使命。

### 行动概要

针对太湖流域蓝藻泛滥、水生态水环境污染等问题,国网无锡供电公司大力开展电力警"报"助力太湖蓝藻治理,构建政企协同工作机制,从排污源头、污水处理、蓝藻处置三个方面入手,汇聚电力营销、PMS、环境监测点等多维数据,全面分析太湖流域六个重点工业行业、农业灌溉区等点源和面源污染用电情况,同步开展污水处理设施、排涝站、藻水分离站、蓝藻打捞点等重要环节用电监测,建立蓝藻治理监测预警体系,自动监测企业用电量变化情况及能耗状态,判断排污治污设施运行状况,形成了"电力 + 鹰眼"的工作模式,实现企业排污的实时预警,辅助生态环境、水利等部门准确掌握排污现状,助力政府及时响应、精准施策。

## 二、案例主体内容

### 背景 / 问题

太湖作为我国第三大淡水湖,平均蓄水量为47.5亿立方米,流域人口逾 6000 万，流域面积为 36895 平方千米，是沿湖地区城市重要的饮用水水源，同时也是长三角区域一体化发展的关键地区，在全国占有举足轻重的地位。

自 20 世纪 70 年代以来，随着工业化、城镇化的深入发展，太湖水体受到了严重污染，水体呈现富营养化现象，蓝藻水华暴发和"湖泛"等问题加剧，生态环境受到了明显损害，沿湖区域水资源、水生态、水环境安全面临严峻挑战。特别是 2007 年的太湖蓝藻大规模爆发，造成无锡全城自来水污染，生活用水和饮用水全面中断，几十万城市居民面临无水可用的困境，这次事件引起了党中央、国务院以及江苏省政府的高度关注。

近十几年来，江苏省通过提高流域污染物排放标准与收费标准，强化执法监管和监督检查，严厉打击环境违法行为，强化了污染源头治理，使太湖生态环境得到了一定程度的修复，太湖蓝藻问题得到了有效遏制，但由于污染源端监测盲区、生态环境部门缺乏分析经验、部分监测设备存在人为干扰等问题，太湖水污染压力仍然较大，水质存在较大的提升空间，太湖蓝藻暴发的风险仍然存在。

联合各方力量，拓展督查治理手段，开展"电力大数据 + 环保"辅助生态环保部门水环境治理，全面深化污染源监测，可以有效弥补现有生态环境监测网的不足，充分发挥电力大数据"看得全""看得准""看得透"等优势，有效解决监测能力弱、人工巡查难、检查成效差等问题。

## 行动方案

在制订具体方案时，国网无锡供电公司立足自身优势，将电力数据分析嵌入太湖治理的大框架中，采用"点面结合"的方式，全面摸排监测目标的基本情况，绘制出了一张针对蓝藻治理的电力"晴雨表"，对源头设施的污水治理、排放环节进行监测预警，推动太湖治理控源截污，实现多个方向共同发力的解决方案。

其中，"点"就是围绕关键环节，深入分析电量变化与治污设备状态的关系，并在此基础上进行微观监测；"面"就是以无锡地区对蓝藻形成影响较大的重点工业、农业等的电量为参考数据，全面分析相关行业整体产能发展与太湖水质变化的趋势关系，为相关部门提供宏观参考。

国网无锡供电公司对需求的分析主要从污染源监测、水质关联监测、工况监测三个方面进行。

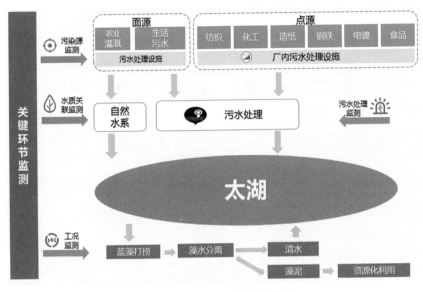

电力大数据助力太湖蓝藻治理模型

### 深入调查研究，全面摸排蓝藻治理工作流程

**(1) 全面分析太湖蓝藻问题成因。**通过积极与无锡市水利局蓝藻办、江苏省环境科学研究院太湖中心、江苏省环境厅太湖处、无锡市环境局太湖处等单位交流，了解太湖蓝藻的成因及危害，梳理影响太湖水质的关键流程节点，明确太湖污染物主要来源，分析入湖污染物关键关口，做好蓝藻成因的调查研究，为推进太湖蓝藻治理打下坚实基础。

**(2) 全面掌握设施运行基本特征。**赴无锡杨市电镀工业园区、无锡永达污水处理厂、无锡黄泥田港藻水分离站等开展现场调研，从污水排放、污水处理、蓝藻打捞等全环节追根溯源，深入了解蓝藻治理工作流程，分析水质污染主要影响因子，梳理污染企业、污水处理厂、排涝站、藻水分离站等关键节点污水治理措施，了解相关设施运行要求，明确环保专业监测需求，总结设备运行规律，实现治污工作流程全明确、设备运行特征全掌握。

### 构建分析模型，全力筑牢大数据应用根基

**(1) 加快推动多元数据会聚融合。**针对水质污染导致的太湖蓝藻频发等问题，积极推动与无锡市生态环境局达成合作协议，借助环境监测点，接入排污源头重点企业、污水处理厂、污水管理企业、藻水处理站等电力数据和外部环境监测点数据，依托数据中台，推

动接入数据汇聚融合,实现数据"采、存、管、用"全环节管理,形成融合共享的数据资源池。

**（2）创新构建电力数据分析模型。**根据前期调研情况和环保专业监测需求,分析不同场景下的设施运行规律,研究电力数据与设备排污之间的深层联系。融合 PMS、营销、配电自动化等电力数据,打通内外部壁垒,打造基于数据中台的在线数据分析工具;根据设施用电量的变化情况,构建电镀行业用电行为聚类模型、农业灌溉设施典型用电模型、平滑用电抖动、环境影响预测模型等,为辅助环保部门推进蓝藻治理提供支撑。

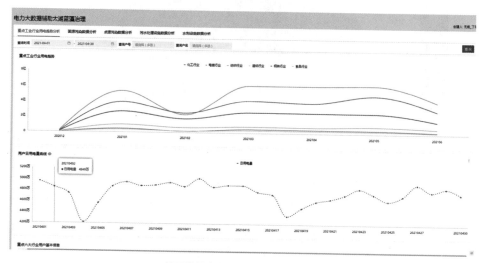

基于数据中台的在线数据分析工具

## 深化监测分析,合力推动治污全环节管控

**（1）持续加强污染源头分析管控。**针对点源污染,选取纺织、化工、造纸、钢铁、电镀、食品六大重点工业行业,对比分析日用电量与下游水质环境监测点指标数据,实时获取企业用电特征值,根据两者趋势变化情况,判断企业生产与下游水质的关系,为政府部门提供昼夜用电差异清单、疑似异常用电预警服务,辅助环保部门精确掌握企业污水排放情况。公司重点监测全市六大工业行业的 29857 家用户,实现全时段、全天候智能化监测分析,助力环保部门及时监管。针对面源污染,抽取农业灌溉日电量数据、月用电量数据,根据用电量变化情况判断农业灌溉特性规律,辅助监控农业灌溉区溶解氮、磷等物质通过自然水系进入太湖流域中的浓度指标,全面掌握农业灌溉总体情况,从而辅助分析太湖流域农业污染源水情。

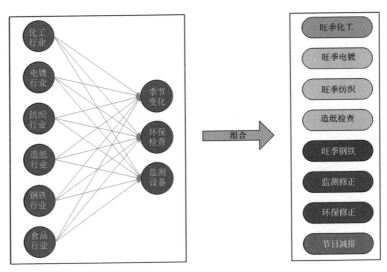

基于数据中台的在线数据分析工具

**(2) 不断深化控污环节监测分析。**针对污水处理设施，抽取无锡地区环太湖 40 余家综合污水处理厂和 2350 个农村污水处理设施日用电量，结合相关设施排水量，综合分析污水处理设施用电量与处理污水量的关系，实时获取治污设施的运行状态（启停）、能耗状态（单位处理污水耗电量），结合下游环境监测点数据，分析污水处理设施是否偷停、污水处理不达标等问题，辅助环保部门精准施策，及时纠偏。针对河道排涝设施，根据排涝站的日、月用电量曲线典型变化特性，以及用电量异动情况，分析水闸水泵的运行状态，判断排涝站是否违规开启，辅助生态环境部门实时监控河道水闸水泵的运行情况，实现对水质较差河水的阻隔，为太湖水质保驾护航。

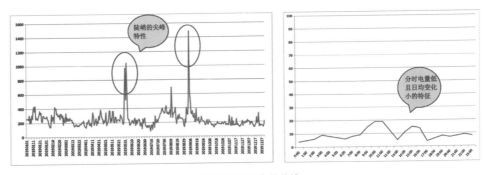

排涝站典型用电量曲线

**（3）全力推进太湖蓝藻及时处置。**通过抽取藻水分离站、蓝藻打捞点用电量数据，实时监控打捞船只的工作状态，分析设施用电变化规律，判断设施运行状态（启停），结合实时气象数据，判断设施是否正常工作，辅助生态环境部门实时掌握藻水分离站、蓝藻打捞点的工作状况，为政府提供实时监测、智能预警服务，助力太湖蓝藻及时打捞、彻底处理。

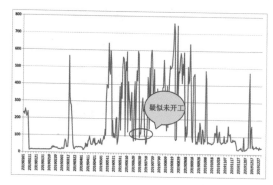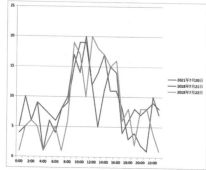

某藻水分离站用电量变化曲线

## 多重价值

**经济效益：**通过电力大数据监测分析，辅助生态环境部门精准掌握设施运行状态和能耗状况，助力生态环境部门实时监测、精准管控，实现无锡市污染企业全覆盖，支撑政府监管更及时、管理更细致、治理成效更显著。与传统通过"铁脚板"开展人工抽查的方式相比，"电力大数据＋生态环境治理"巡查效率是人工抽查的 490 倍，能大幅提高污染查处效率，将查处效率提升至 100%；同时，也减轻了生态环境部门一线执法人员的工作压力，为生态环境部门节约了大量的人力、物力、财力，节约人工 120 人天，节约费用 3.6 万元。

**环境效益：**通过"生态环境＋电力大数据"，辅助生态环境局对企业是否落实治污要求进行实时监控，助力实现重金属污水"零排放"；通过太湖蓝藻打捞处理，践行"绿水青山就是金山银山"理念，助力太湖流域水生生物多样性保护；通过"生态环境＋电力大数据"取代人工现场巡查，减少燃油消耗 32.8 升，极大地减少了交通工具运行产生的碳排放，促进低碳转型，助力"双碳"目标率先实现。

**社会效益：**电力大数据助力太湖蓝藻治理典型成果获得了 2021 电力人工智能与大

数据优秀应用创新成果二等奖、"金钥匙——面向 SDG 的中国行动"优胜奖、2021 年国家电网有限公司大数据应用典型成果，为全国水环境治理提供了可复制案例，为其他行业提供了可借鉴的依据和参考；同时，为交通、通信等其他行业大数据应用树立了标杆，推动各行业不断深入挖掘大数据应用价值，有效地提升电网企业的品牌形象，为电力企业争取到良好的外部发展环境，赢得了社会各界的信任和认同。

### 未来展望

随着"电力大数据 + 环保"的深入应用，数据资源的不足将逐渐显现。下一步，国网无锡供电公司将继续巩固前期成果，完善数据资源和分析手段，进一步深化政企合作，总结提炼大数据应用成功案例，积极推广可借鉴、可复制、实用性强的典型经验，聚焦服务"双碳"目标，探索典型园区、生态景区的碳足迹与碳用户、碳核查、碳排放预测、绿色用电等应用场景，建立监测分析应用产品长效运营机制，推动"双碳"目标率先完成，助力无锡绿色发展建设，促进生态环境持续向好。

## 三、专家点评

国网无锡供电公司在广泛深入调研的基础上，将电力大数据与太湖流域污染防治相结合，并创造性地提出了极具可行性的技术框架和行动方案。该项目的实施有望加快解决太湖水体富营养化的难题，同时为环保监管执法和科学精准治污提供强有力的科技支撑，并推动我国"环境监测网"与"智能电网"的数据共享融合。期待该项目继续深入研究和推广，特别是应加强政策支持和顶层设计，健全电力电网部门与生态环境部门的长效合作机制，加快相关软硬件设备的研发和集成，大力推进"电力 + 环保大数据智能监管与服务平台"的立项建设。国网无锡供电公司的该项研究将大大丰富电力数据的科学内涵，提升电力大数据的应用价值，为我国的水污染防治和生态环境保护提供新的策略与技术手段，乃至为全球绿色低碳可持续发展贡献"电力智慧"和"中国力量"。

**——南京林业大学环境工程系副教授，全国科技成果评价专家库专家，国家高新技术企业评审专家，*Chemical Engineering Journal* 等国际学术期刊审稿人　陈一良**

**驱动变革**

国网襄阳市襄州区供电公司

# 搭建"我家有电工"线上平台，破解表后维修服务难题

## 一、基本情况

### 公司简介

国网襄阳市襄州区供电公司(以下简称襄州公司)成立于1976年，承担着服务襄州经济社会发展和人民美好生活用电的重要责任，供电区域面积1897平方千米，高低压用户30.60万户，其中专变用户2399户。下设6个职能部门、2个业务支撑实施机构、12个供电所，拥有3个省管产业单位，调控分中心实行本部化管理。

襄州电网依托襄阳主网，形成了以35千伏为主体、以10千伏为支撑的供电网络。35千伏变电站全部为双电源供电，互为备用，实现了主变及线路备自投；35千伏输电线路形成环网，城区10千伏配电网络已实现"手拉手"模式的坚强供电格局。所辖35千伏变电站10座，35千伏简易化配电站4座；35千伏主变24台，总容量为214.65兆伏安；35千伏线路17条，总长228.85千米；10千伏线路122条，总长2604.17千米；供电台区3240个，合计容量655.72兆伏安。

近年来，襄州公司在国网襄阳供电公司和襄州区委、区政府的坚强领导下，紧紧围绕"建设具有中国特色国际领先的能源互联网企业"战略目标，坚持"六大治企理念"，扎实推进安全生产、电网发展、经营管理、改革创新、供电服务、依法治企、党的建设等各项工作，保持

了良好的发展态势，相继荣获"全国工人先锋号"、"全国五一劳动奖状"、中国企业社会责任最高奖——"金蜜蜂·客户至上奖"、2021 金钥匙——面向 SDG 的中国行动"金钥匙·冠军奖"、"国家电网公司先进班组"等多项荣誉，持续保持"湖北省文明单位"、"湖北省模范职工之家"称号。

### 行动概要

为满足人民美好生活的用能需要，有效解决终端用户安全、投诉、收费等一系列现实问题，自 2015 年以来，襄州公司联合地方政府、社会优质电力维护力量、网络科技公司等创新推出"我家有电工"表后电力服务品牌，并根据市场变化不断升级迭代，提升服务品质。以"建立制度、规范运作，合力共建、对接联动，延伸服务、深化提高"为举措，促请政府出台相关有偿服务收费标准和实施方案，制定并对外发布表后线服务方案、流程、标准及考核机制，研发 App 搭建线上服务平台，筛选有资质的电力施工企业及社会化电工进行服务供应商注册，引导电力客户根据自身意愿进行选择性签约，在表后线管理领域形成了供用维三方共建共享共赢机制。

截至 2021 年 12 月底，"我家有电工"平台累计注册用电客户 6.7 万户，客户整体满意度达 100%，获得了 13 个镇政府推荐，"我家有电工"相关经验被襄阳市总工会推荐上报"最美志愿服务项目"，获得了襄阳市领导的肯定。

## 二、案例主体内容

### 背景 / 问题

长期以来，用电客户产权范围的电力设施（以下简称表后线）维护一直是打通客户服务"最后一公里"的盲点、难点和敏感点，并在一定程度上限制了客户获得电力指数及满意度的提升。造成这一问题的原因有三个：

第一，各方"责权能"及信息不对称。客户作为产权方拥有维护责任，但自身缺乏专业维护能力，在弃管小区、开放式老旧居民楼等物业管理混乱的区域，用户产权范围内的设施更容易发生故障；供电企业具备专业技能和服务意愿，但维护力量有限；具备维护资质的社会力量有服务能力，但无法及时获取服务需求。

第二，市场缺乏统一权威的收费标准及流程，难以保障市场持续健康发展。

第三，客户选择服务供应商的范围小、渠道单一，套餐附加值不高，达成有偿服务共识的动力不足。

面对上述问题，供电企业如何顺势而为，探索新形势下的居民客户表后服务模式，有效解决当前居民客户表后服务面临的问题，成为亟须思考与解决的课题。

## 行动方案

### 创新思路，探索多方合作机制

**（1）厘清责任边界，探索多方合作机制。**按照社会责任边界管理方法，对各利益相关方（供电公司、政府部门、用电客户、社会施工队伍）的法律边界、现实边界和理想边界进行分析，探索利益相关方参与方式和实现理想边界的路径，助力达成利益相关方共同推进用电维修服务的共识。如表 1 所示。

表 1 利益相关方责任边界划分

| 利益相关方 | 法律边界 | 现实边界 | 理想边界 |
|---|---|---|---|
| 供电公司 | 依法负责供电公司权限范围内的电力故障维修 | 用户责任导致的用电故障不属于供电公司维修服务范围；没有违规行为的行政处置能力，监管权极为有限 | 对于用户产权分界点以上的，由供电部门无偿进行维护；对于用户产权分界点以下的，按政府规定实行有偿服务 |
| 政府部门 | 依法合规行使行政执法权，杜绝乱收费 | 与供电公司沟通不充分，部分社会违规行为难以监管，未出台用户产权分界点以下的电力维修服务定价指导政策 | 加强与供电企业的联系，规范用电维修有偿服务，监管处罚乱收费 |
| 用电客户 | 享有人身安全的法律保障 | 处于用电故障导致的危险环境，缺乏必要的用电安全知识和专业电力故障维修技术 | 遇到自己产权范围内的用电故障，明确用电维修"该找谁"，放心享受有偿服务 |
| 社会施工队伍 | 依法合规收取用电客户维修服务费用 | 缺少电力维修服务宣传，覆盖用电客户较少 | 维修服务收费令客户放心，联动供电公司加强维修服务的宣传 |

**（2）识别利益相关方，明确核心诉求与资源。**为促进各方资源互补，通过"我家有电工"线上服务平台更好地发挥资源优化利用的价值，襄州公司对用电维修服务的主要利益相关方进行梳理，识别出供电公司、政府部门、社会施工队伍、用电客户、第三方软

件开发公司五大主要利益相关方,并通过实地走访、线上沟通等方式了解各方核心诉求和资源,分析确定用电维修服务工作的关键点、困难点。如表 2 所示。

表 2  利益相关方诉求与资源分析

| 利益相关方 | 核心诉求 | 资源 |
|---|---|---|
| 供电公司 | 减少表后线服务产权不清引起的客户投诉 | 专业技术人员和设备 |
| 政府部门 | 服务民生改善,协助解决社会用电维修需求 | 政策支持、监督管理 |
| 社会施工队伍 | 有渠道链接有维修需求的用电客户,获取市场盈利 | 专业技术人员和设备 |
| 用电客户 | 安全稳定可靠的电力保障 | 用电维修需求、支付能力 |
| 第三方软件开发公司 | 通过开发用电维修线上服务平台获取盈利 | 软件开发技术和能力 |

**(3) 重视运营透明度,保证利益相关方知情权。** 将透明意识充分融入"我家有电工 2.0"线上服务平台运营过程中,用利益相关方感兴趣、能看懂、易接受的方式,推进"内部工作外部化",充分保证用电客户等利益相关方的知情权;强化各方沟通与交流,积极增进各方对表后线延伸服务业务和活动开展的利益认同、情感认同、价值认同。

### 资源引入,搭建"我家有电工"平台

**(1) 引入第三方软件服务公司,化解平台搭建技术难题。** 襄州公司邀请第三方软件开发公司成功开发"我家有电工 2.0"线上服务平台。该平台拥有极速推送实时工单与订单消息的功能,用户一键可与客服人员一对一聊天或电话咨询相关疑难问题。通过平台,用户可自行选择服务类别,通过线上沟通或拨打客服电话确认故障维修需求,平台客服根据距离远近派单到所属施工队,由社会电工上门提供检测维修。完成服务后,客户可直

"我家有电工 2.0"线上服务平台界面展示和注册二维码

接线上对维修服务作出相应评价。

**(2) 吸纳社会施工队伍，充实维修服务力量。**为满足辖区 40 万用户的表后线服务需求，襄州公司将有资质的社会施工单位纳入维修服务队伍。社会施工单位经过专业技术考核和正式培训后正式上岗，平台会根据用户需求向社会电工派出抢修工单，从而使客户的维修需求及时得到满足。由于社会电工均为当地人员，所以在服务过程中既能保证服务的快捷性，又能有效融入供电所管理体系。截至 2021 年底，平台累计拥有 160 名社会化电工，且全部具备进网作业的资格。

"我家有电工 2.0" 线上服务平台拥有的社会电工

**(3) 加强政企联动，提前争取政策支持。**自提出"我家有电工"工作思路以来，襄州公司加强与政府相关部门的沟通，报请政府部门进行审批，通过审批后由物价部门进行核价、定价。经过与物价局沟通，在开展实地调研和成本核算的基础上，促请襄州区政府及有关部门出台了《襄州区物价局关于核定襄州供电公司对外供电服务收费标准的批复》，明确提出了有偿服务年费制概念及产权分界点以下供电服务的收费标准，为推行"我家有电工"活动提供了有力的政策依据和收费标准。

**资源交换，加强平台透明高效运行**

**(1) 加强资金财务管理，实现透明运营。**在向用电客户收取有偿服务费用时，按照物价局收费标准与用户签订协议，出具正规发票，自觉接受物价局的监督和检查。供电所应建立与签约协议对应的费用台账，对纸质材料进行整理、登记、归档。将收取的服务费用纳入财务统一管理，并进行专项核算。

**(2) 规范维修服务管理，提升优质服务。**在供电所层面打造服务网格化班组，实现

社会电工统一着装、统一服务口号

服务网格化班组管理模式。统一"我家有电工,服务分分钟"服务口号和马甲、工具包、宣传单等物资,实施标准化管理,依托技术合同、服务合同,做好相关法律、服务风险管控,确保施工单位及社会化电工均具有相关资质。开展网格员工作行为规范培训工作,提升工作行为规范质效及服务意识,切实做到服务用电客户"最后一公里"。

**(3) 发挥线上监管作用,将客户评价纳入绩效考核。**统一的线上服务管理平台使签约用户方便查询签约时限、派单服务时限和服务回执时限,并能使公司实现派单、工单跟踪等远程管理。以派单的方式向维修服务人员发出服务指令,定期对业务开展情况挂网公示,同时对服务时效和客户满意度进行闭环的监督和考核;持续开展暗访和第三方满意度测评,通过回访和整改,以闭环管理模式提升客户满意度。对用电客户不满意的评价意见,及时启动相关服务行为调查程序。

**资源优化,助力"双碳"目标实现**

**(1) 配套搭建"电力碳银行"平台,助力节能生态圈形成。**挖掘需求侧响应潜力,结合区块链技术,联合专业专家,研发推出"电力碳银行"项目,同步配套建立"省电呗"微信小程序。通过"省电呗",引导用户错峰用电赢积分。倡导积分价值"最大化",实施"电力碳银行""我家有电工"两大平台深度融合。通过融合,用户"省电呗"赢得的积分收益可直接转移到"我家有电工"App账户上,实现积分奖励直接兑换表后服务和心仪商品的消费模式,有效助力节能生态圈形成和"双碳"目标实现。

**(2) 吸引商家入驻平台,打造电商化"我家有电工"。**吸引电气设备商家入驻平台,试点打造"我家有电工商城上",通过商城将产品定点式推送给平台注册用户。用户通过"电力碳银行"赢得的积分，除可购买表后签约服务外，还可以在商城兑换商品。同时，加强用户用电画像，实现数据变现，开展主动上门检修服务，通过分析检修情况及用电情况数据，对客户用电习惯等进行画像。为客户提供用电数据显示服务，帮助客户把控用电量，并利用客户数据，帮助电器商优化设备，加大增值服务，吸引更多电器商加入。

## 多重价值

"我家有电工"线上服务平台不仅为用电客户提供了电力维修便利，也为社会施工人员提供了更广阔的市场机会，更为供电公司延伸了表后线供电服务，开辟了多方共同参与的客户服务新模式。

### 经济效益

对于用电客户而言，"我家有电工"线上服务平台解决了用电维修"该找谁""能找谁"的难题，不仅节省了用电客户在寻找和等待维修过程中的时间沉没成本，也能及时有效避免乱收费、高收费的怪象，在一定程度上减少了维修服务的支付费用。

对于社会施工队伍而言，"我家有电工"线上服务平台为社会施工维修人员链接了合适的岗位和更多的需求客户，增加了社会施工维修人员合理范围内的收入，提供了稳定可靠的收入保障。截至 2021 年底，平台平均每月可为一名普通社会电工带来约 3800 元的收入。

### 社会效益

一方面，"我家有电工"项目有效破解了表后维修服务难题。截至 2021 年底，"我家有电工"平台平均故障抢修时间为 2.6 小时，减少客户投诉 32.71%，客户整体满意度100%。在运营"我家有电工"为客户提供上门服务的过程中，加强了供电方和用电方的联系互动，提前收集并发现了诸多服务风险。

另一方面，"我家有电工"线上服务平台通过整合社会施工队伍资源进入，在充实用电维修队伍的同时，有效改善了维修需求大于专业技术服务力量供给的真实困境，避免了社会施工队伍资源的浪费，促进了检修服务的社会化和资源的有效利用。截至 2021 年底，160 名社会化电工全部具备进网作业资格，其中 152 人拥有高低压电工证，120 人拥有登高证，吸纳了社会闲置人员 26 名，为社会施工人员提供了更广阔的市场机会。

### 推广价值

在品牌影响力方面，2020 年，"我家有电工"App 公测版推出，获得了襄州区 13 个镇政府推荐。2021 年，"我家有电工"正式通过国家知识产权局商标注册申请，"我家有电工"V2.0 获得了国家版权局计算机软件著作权登记证书，为"我家有电工"品牌的推广奠定了良好的基础。同时，"我家有电工"的典型做法先后荣获由国家商务部颁发的"金蜜蜂企业社会责任·中国榜——金蜜蜂客户至上奖"和"金钥匙·冠军奖"，相关案例入选中国电力企业联合会《2021 年度电力行业企业社会责任优秀案例集》，并荣获湖北省管理创新成果一等奖。

品牌复制推广方面，实施"我家有电工"和"电力碳银行"两大平台链接，不仅为助力"双碳"目标实现提供了有力支撑，还为电网企业适应当前改革形势、开辟新型产业、促进可持续发展提供了有益探索。目前，在襄阳市已累计推广用户 3003 户，推广占比 18.1%。日均参与省电活动用户 800 人，日均发放 800 元奖励，日活率为 40%，一户一个月省电奖励最高达 523 元。截至 2021 年 11 月 30 日，奖励发放金额已达 106000 元。

### 未来展望

#### 深化项目推广，贡献城市、农村增收

深化与社区、小区物业的合作，按照项目收费规定，若小区超过 50% 的业主签约则免费提供该小区的公共区域电力维修服务，降低公共服务成本。将表后线服务更多地延伸至"三无"小区、弃管小区、城市棚户区等，助力城市扶贫解困。积极对接村镇政府，将"我家有电工"服务与农村惠民资金相结合，服务弱势群体，将有意愿、有能力的人员吸纳到社会化电工培养中，促进其增收。

#### 总结项目经验，促进模式复制推广

总结"我家有电工"项目管理模式与经验，汇编用电增值服务流程、客户信息保护、优质服务集中管控、绩效考核等方面的制度、流程，将"我家有电工"管理模式在其他兄弟单位进行复制推广，并提供"我家有电工"App 软件的技术支持。

## 三、专家点评

"我家有电工"项目最大的亮点就在于通过一个 App，不仅轻松地解决了电力行业多年来的疑难杂症，拉近了百姓与企业之间的距离，而且通过扩大项目本身的外沿创新，为更多城乡人口解决了就业问题，开创一个全新的双赢局面。

"我家有电工"项目是极具价值的社会责任实践，为我们提供了一个全新的思维角度，值得每一个履行社会责任的中国企业学习和借鉴。

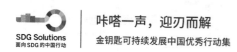

希望下一步能够继续加大宣传力度，扩大客户注册范围，通过和"电力碳银行"平台的融合，逐步扩大电商入驻和施工队入驻数量，打造全新运行环境，形成新兴产业生态圈，为助力实现"双碳"和电网转型贡献力量。同时，积极争取政府支持，引入其他公司参与投资，打造利益共同体，做实做细用户表后线服务，共享"我家有电工"App 带来的红利。最终使供电方、平台运营方、维修施工方形成合力，发力到客户诉求侧，增强 App 的生命力。

——联合国全球契约中国网络秘书长　韩斌

国网公司社会责任处处长　刘心放

驱动变革

中海 OFFICEZIP

# 低碳让办公更"自由"

## 一、基本情况

### 公司简介

中海商业发展有限公司（以下简称中海商业）2012 年在深圳注册成立，是中海企业发展集团有限公司的全资子公司。中海商业坚持绿色低碳、可持续发展的理念，践行"好产品、好服务、好效益、好公民"战略，展现作为中央企业的企业使命。

COOC 中海商务作为国际化全商务生态圈构建者，是中海商业核心持有商办资产与旗舰业务品牌，以"全域商办资产管理品牌旗舰"的品牌力量，领航写字楼经济，激发城市、行业、产业的内生动力。

OFFICEZIP 是中海商业旗下自由办公品牌，以全域商办资产管理品牌旗舰——COOC 中海商务为依托，定位"未来办公实验室"，专注为大型企业团队、独角兽、创业精英提供全域服务自由办公、都市商务会客厅和 OZIPer 社交社区的运营商，创造 Zip and more working style 的 N+1 种精彩。同时，OFFICEZIP 致力于办公业态的多元化研发，形成了集约、创新、多元的全域商务生态圈。2022 年行业品牌排名 TOP3，头部品牌客户逾 70%，斩获年度影响力联合办公 TOP10 等多项行业大奖。

### 行动概要

在绿色低碳的探索实践中，OFFICEZIP 在办公的各个触点融入绿色低碳因子，绿色低碳让办公更"自由"。

要做到"绿色"产业链与经营发展的平衡，关键是兼备硬核"绿色产品力"和可持续发展的"绿色运营力"，努力调和办公场景中"科技"与"自然"的关系，以更少的能耗实现舒适健康。为实现这一目标，OFFICEZIP在标准共建、产品打造、绿色运营方面进行关键突破。

# 二、案例主体内容

## 背景／问题

据统计，城市人群一生中约有45%的时间是在办公室里度过的，办公空间是人们最重要的场景之一，而空间里各方面的低碳实践落地，都能从点到面地推动低碳理念的大范围传播。提倡并发展绿色减碳的技术创新与应用落地、实现办公建筑及空间运营过程的碳优化管理，是空间开发及运营商必须肩负的重大责任之一。

OFFICEZIP作为新场景的先锋试验田，基于对建筑、人文的深度探索以及对客户在办公场景内容与服务需求的关注与回归，以中海商业全域生态资源圈以及"全域商办资产管理品牌旗舰"——COOC中海商务为依托，在追求极致舒适的办公体验和秩序的基础上，一直在探索绿色健康空间的升级。如何在经营中做好绿色赋能，引导办公空间的低碳建造与运营，同时又平衡好经营发展，是OFFICEZIP需要持续解决的问题。

## 行动方案

### 产品"先天绿"

**办公空间健康设计标准迭代：** 在标准上，OFFICEZIP重新考量人体测温标准、电梯空调杀菌净化标准、新风标准、新风热回收标准、空气质量检测标准等多个维度，为健康建筑体系设定全新标准；同时，积极与专业机构联手，与IWBI、清华大学的专家学者联合召开专项交流会，共议健康建筑标准；始终秉持"关注建筑、更关注楼宇中人"的发展理念，逐步实现在健康建筑领域的积极探索。

**国际化标杆项目打造：** OFFICEZIP在追求极致舒适的办公体验和秩序以及工作创意的基础上，通过加强对空气、水、营养健康、健身运动、阳光照明等多个维度的关注，追求绿色、健康的办公标准和体验。例如，北京中海财富中心OFFICEZIP项目作为全球首个获得铂金级WELL认证的共享办公项目，从设计、材料与设备系统进行多方面把控，充分考虑WELL健康建筑标准中针对建筑材料、清洁产品、废弃物、室外空间和景观中有害

北京中海财富中心 OFFICEZIP、成都交子 OFFICEZIP 获全国首批非传统办公 WELL-HSR 认证

成分的评估和管理方法,有效降低直接或间接通过环境污染接触污染物的风险。包括油漆、涂料、黏合剂、密封剂、板材、保温隔声材料、饰面及地毯进行了严格把关,确保满足加利福尼亚公共卫生部 (CDPH) 标准法与国家 E1 级环保材料的要求;严选专业设备,采用双重保障过滤器、空气质量检测器、新风系统等,有效改善室内温度与湿度,最大限度地降低甲醛等挥发性有机物,保证室内空气质量;通过紫外线杀菌装置、过滤器和高标准过滤技术,消灭水中有害物质;携手全行业及第三方专业机构共同推进新办公行业国际化标准与产品优化迭代的探索落地。2021 年,成都交子 OFFICEZIP 项目、北京中海财富中心 OFFICEZIP 项目均获得 WELL-HSR 认证,是国内首批获得该认证的非传统办公项目。

**节能设备设施改造:** 在产品端,OFFICEIZP 从细节入手进行低碳升级。2020 年,将办公空间能耗灯具 100% 更换为 LED 节能灯具,通过多场景智能照明系统实现一键转换办公与休息的光线模式;工位配备补充照明灯具并最大限度地利用自然采光;项目设置有氧露台,提高绿植覆盖率;通过采取雨水调蓄水池等设施,结合中水利用、一级节水器等实现节水;办公区采用排风回收,结合全热转轮热回收机组和太阳能集热器,节约热能耗。通过一系列节能减排措施,中海商业 2020 年的碳排放量比 2019 基准年同比下降了 16%。

**数字化科技赋能:** OFFICEZIP 借助人工智能、云计算、大数据、物联网等新技术,打

与大金空调启动 Office-Air 办公空间空气环境革新计划

造绿色运营数字化智能服务，助力绿色建筑、绿色运营，降低企业运营成本。例如，与大金空调深度合作，为项目量身启动 Office-Air 办公空间空气环境革新计划，以"空间＋科技"的跨界实验，实现 7X24X365 天的全天候追踪冷暖、人机智能交互体验，达成办公空间空气质量的迭代升级。

**办公产品进阶升级：** 基于 OFFICEIP 打造绿色低碳空间的实践，中海商业把与办公相关的绿色实践融入更大型的办公空间项目，以中海总部基地项目为例，联合中国建筑科

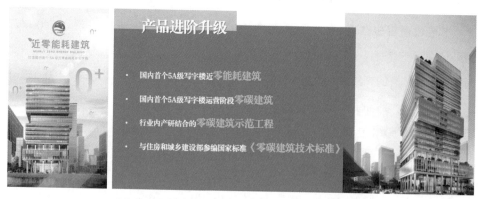

中海总部基地项目：国内首个 5A 级写字楼近零能耗建筑

学研究院共同研发,从规划布局、节能减排、工业装配三个维度实践落地,打造国内首个5A级写字楼近零能耗建筑,并在运行阶段力争成为国内首个5A级零碳写字楼,成为行业内产研结合的零碳建筑示范工程,中海商业也受邀成为由住房和城乡建设部发起的《零碳建筑技术标准》的参编单位。

## 可持续"绿色运营力"

OFFICEZIP作为新场景的先锋试验田,将可持续发展能力嵌入顶层结构,率先提出了"未来低碳实验室"概念,从租户战略、日常运营、理念倡导等方面积极推动可持续发展目标的实现。

**落地绿色战略:**在国家战略性机会中,主动发起了"战略租户引入计划",前瞻性引入国内一流智能充电管理平台、清洁能源整体服务商、高端半导体薄膜设备等新经济企业进驻。

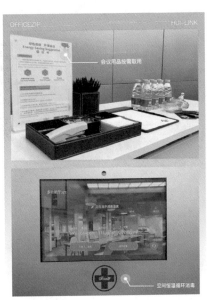

**率先推行绿色租约:**突破传统的租赁关系,与大金空调共同打造Office-Air办公室空气革新计划,联动租户企业一起参与到减碳行动中。

**加快行业绿色认证:**自营商务会议品牌HUI国际会议中心全力推进"无纸化会议""智能会议"等行动,成都HUI国际会议中心与中国生物多样性保护与绿色发展基金会签约,落成了全国首个低碳环保办公空间及会议空间,合作推出GMI绿会指数,共同推进绿色低碳会议进程,形成"绿色火车头"的带动作用。

HUI国际会议中心落地绿色低碳会议实践

**积极践行绿色理念:**旗下健身品牌OZFit,坚持采购环保设备、定制健康可持续健身计划;鼓励自带水杯行动,并不定期地组织户外活动,通过公益性户外踏青推广低碳生活方式。旗下咖啡品牌——OF COFFEE,从选用优质绿色咖啡豆、用植物奶代替牛奶,到咖啡渣改造利用,将绿色低碳深入到咖啡链中的每一个环节。

**试点OZIPer绿色社区:**OFFICEZIP连续多年参与"地球一小时"活动号召办公空间节能减排,为地球发声。同时,邀请空间中的OZIPer共同签署了《自由办公绿色租户公约》，倡导空间租户充分发挥主人翁精神，提升空间幸福与健康。成都 OFFICEZIP 更是邀请 OZIPer 在工作之余参与农场绿色有机蔬菜种植活动。为积极响应国家垃圾分类的号召，上海中建大厦 OFFICEZIP 试点共收集到 1.5 吨垃圾，并对其中的 35% 进行了回收；北京中海财富中心 OFFICEZIP 试点共收集到生活垃圾 150 吨，并对其中的 1.5% 进行了回收，厨余垃圾收集清运 24 吨。另外，每个入驻租户都签署了垃圾分类承诺函，并举办了多场办公垃圾分类知识讲座，帮助租客形成空间垃圾分类的良好意识。

每年举办的绿色环保活动，吸引大批 OZIPer 踊跃参与

### 探索 ESG 赋能之路，拉升"可持续发展第二曲线"

在业务推进的过程中，OFFICEZIP 联合中海商业的其他业务部门，共同建立起 ESG 实施计划，将绿色、责任和变革的整体发展脉络深度链接。在战略层面，从专业资管角度出发，制订贴合行业发展规律的 ESG 实施计划；在机制层面，成立 ESG 专项工作组，通过工作机制的建立形成"制定年度目标、明确行动计划、执行过程监控、工作成果检验"PDCA 工作循环机制，确保实施路径畅通；在执行层面，从客户需求出发不断捕捉和应对办公新趋势，迎合资本市场喜好、用生态链接能力撬动价值创造，实现 ESG 工作与业务的全面融合。

## 多重价值

低碳发展关乎各行各业的未来,实现"双碳"目标任重道远,推进绿色革命路径各异。作为绿色商务的探索者和领潮者,OFFICEZIP 与 COOC 中海商务积极承担社会责任,勇于变革创新,探索技术的边界,拓展应用的可能,实现节能低碳与高质量发展协同并进,给客户和社会带来更美好的工作生活体验。"绿色低碳让办公更'自由'"行动见证着低碳变革的浪潮涌动,再一次聚合起绿色发展的高度共识。

**环境效益:** 在办公空间的节能减排上,本项目实现了 100% 的能耗信息化平台覆盖和 8% 的年节约用电量,相当于减排 7000 多吨标准煤;通过更换节能灯具,实现年碳排放同比下降 16%,相当于近 600 亩成年森林一年吸收的二氧化碳。本项目不仅有利于减少温室气体排放,也在一定程度上降低了企业的能耗费用,实现了"双赢"。

**社会效益:** 在"双碳"背景下,建筑行业如何变革成为亟待解决的问题。作为头部共享办公品牌,OFFICEZIP 实力打造兼具硬核"绿色产品力"和可持续发展"绿色运营力"的未来办公体验,调和"科技"与"自然"的关系,将可循环、可再生与办公业态相结合,最大化发挥出"绿色"合力,从租户战略、日常运营和理念倡导入手,引入碳中和、半导体、数字化转型企业,寻找自身战略制高点;建筑上,追求绿色、健康的办公标准和体验,运营端借助人工智能、云计算、物联网等技术,多元化实现减碳,使绿色低碳变得可视化、可测量、可监控,在行业的"双碳"发展上起到了标杆作用,是平衡低碳与发展的一个很好的实践。

同时,通过全国多地共同推广绿色低碳办公理念,以中央企业行动影响近千家企业的日常办公管理模式,而战略性地引入绿色企业,有效地凝聚了助力"双碳"目标达成的企业力量。

**经济效益:** "绿色低碳让办公更'自由'"行动的开展为企业自身的发展带来了积极影响。

一方面,"绿色低碳让办公更'自由'"行动体现了 OFFCEZIP 的社会责任,得到了相关行业的认可,获得了"2021 中国联合办公企业运营表现 TOP 4"(观点指数研究院)、2021 首批碳目标先锋企业(中国国际服务贸易交易会)、2021 中国联合办公运营标杆企业(中国房地产指数系统、中指研究院)、"城市更新十大资产管理机构"及"十大经营楷模奖"(中国城市更新论坛)、2021 企业社会责任典范奖(中国财经峰会)、2020 年创新防疫实践奖（全联房地产商会）等多个联合办公行业及可持续发展相关的奖项，广受媒体及机构好评。

另一方面，有效助力母公司在可持续发展管控治理方面取得不俗成果：中海获国际领先 ESG 评级机构 Sustainable "低风险"评级，风险指数内地房企最低，总排名全球 234 家房企第 3 位；并成功发行国内房企首单"绿色 + 碳中和"CMBS，18 年期 21 亿元，当期票面利率最低为 3.6%。

### 未来展望

一方面，在市场需求的快速迭代中，OFFICEZIP 面临着诸多机遇。目前，租户的需求和期待正在发生变化，面对消费升级的新需求，"未来办公"模式、健康办公、绿色建筑将成新风尚，而具可持续性和健康特性的绿色建筑及服务将成为办公人群的主要关注点。毋庸置疑，向低碳运营模式转型既是企业未来的责任，也是绿色经济时代的一次历史机遇。

另一方面，商办行业的绿色低碳转型及运营发展也存在一定的现实挑战。目前，由于短期收益和投入的不对称，"碳中和"对于众多商业、办公项目而言，还只停留在控制碳排放的阶段，并没有纳入长周期的运营系统中。然而，OFFICEZIP 也意识到，要推动碳中和的最终实现，单纯依靠企业自身还远远不够，只有保持长期经营的思维、推动社会资源的有效联动，才能为行业及社会带来质的改变。

从企业的整体发展来说，从传统写字楼到定位"未来办公实验室"的 OFFICEZIP，中海商业始终肩负着对环境保护的社会责任，主动引领绿色办公新模式。当"碳"成为行业发展的新赛道时，减碳并不意味着利润的损失。通过一步步的战略部署与落地举措，中海商业将以可期的结果指明低碳运营可以为企业带来多赢的发展路径。

## 三、专家点评

低碳不是单纯地为了低碳，而是为了实现更好、更持续的发展。发展归根结底还是要依靠人，低碳理念、工具和措施的实践能保证其发展的可持续。今天，企业在环境、社会和治理方面的投入已经成为评价一家企业的指标之一，而 OFFICEZIP 在这方面的建树令人瞩目，走在了行业前沿。无论是"未来低碳实验室"理念的提出与实践还是

OFFICEZIP 空间物理层面的低碳升级以及经营上的绿色租户战略都很好地印证这一点。在共享办公企业谋求增长扩张的同时,OFFICEZIP 能够把视角放在 ESG 和低碳发展方面,将绿色低碳蕴于办公、赋能发展,重新定义了科技、办公与自然。这既是企业实力的体现,也是格局远大之处。

**——观点指数研究院**

实现"碳中和"战略目标,中海 OFFICEZIP 可谓是共享办公的"排头兵",在商务办公领域的低碳实践颇具前瞻性。在服贸会首批碳目标先锋企业的评定中,我们关注到中海 OFFICEZIP 在绿色租户战略、低碳运营、碳中和政策倡导等方面的主动布局以及在低碳健康空间方面的持续探索,将"低碳"融入长周期体系中,联动各方资源共同增效,勇于承担社会责任。通过不断实践,OFFICEZIP 积累了越来越多的绿色发展底蕴,相信在不久的将来,中海 OFFICEZIP 将持续引领绿色办公模式,打造健康办公的新样板。

**——国际绿色经济协会**

低碳不意味着室内空间人员要为之付出健康的代价。通过智慧系统和合理的低碳、健康策略,中海 OFFICEZIP 实现了低碳、健康、智慧三者的平衡,使自然环境和使用者都得到了良好的照顾,WELL-HSR 的荣誉正是项目成就的明证。

**——国际 WELL 建筑研究院(IWBI)**

国网无锡供电公司

# 为新时代产业工人注入力量

## 一、基本情况

### 公司简介

位于太湖之滨、运河之畔的国网江苏省电力有限公司无锡供电分公司,是国网系统中最年轻的大型供电企业,肩负着为无锡市 384 万用户提供安全、经济、清洁、可持续电力供应的使命。

### 行动概要

创新是社会可持续发展的不竭动力,企业是社会创新的重要力量。班组作为电网企业的主体单位,是创新工作的推动者和实践者。但在企业中,创新工作往往存在诸多困难,在很大程度上削弱了产业工人创新创效的动力和活力,久而久之,在员工中容易滋生"拿来主义",使"金点子"难以被发掘。此外,员工之间缺乏畅通有效的沟通渠道,出现重复创新工作,降低了创新效率,这不但会阻碍创新成果的转化、推广和应用,还会降低产业工人对工作岗位的获得感、价值感,以致工人职业对当代年轻人的吸引力下降。

为了推动创新工作,最大限度地纳入每一名产业工人的智慧成果,同时也为了提升产业工人的职业自豪感、建设工人"体面工作"新路径、改变社会公众对工人"低端劳动力"的刻板印象,2020 年,国网无锡供电公司打造了类似"淘宝网"的创新成果交易平台,引导基层班组开展群众创新、管理创新或日常工作的微创新，切实提升员工的技术能力和创新能力，让"千方百计 提质增效"落地生根。

## 二、案例主体内容

### 背景 / 问题

新时期产业工人队伍建设改革是习近平总书记亲自点题、亲自部署、亲自推动的重大改革任务。无锡作为江苏省首批产业工人队伍建设改革全面试点地区之一，2019 年率先出台了《新时代无锡产业工人队伍建设改革实施方案》，深度融入创新驱动核心战略和产业强市主导战略的实施，着力造就一支有理想守信念、懂技术会创新、敢担当讲奉献的高素质产业工人队伍，为无锡当好江苏省高质量发展领跑者聚力赋能，提供了坚实的支撑。2020 年，国网江苏省电力公司提出了"四个转型"的工作要求（推动电网向能源互联网转型、推动业务向用能服务转型、推动管理向高效智慧转型、推动经营向质量效益转型）。

作为国网公司下属大型重点供电企业，国网无锡供电公司现有职工 5853 人，班组 338 个，班组长 457 人。对于国网无锡供电公司来说，落实责任就是把班组命运和职工个人前途与公司决策部署紧密结合，最根本的任务是要依靠广大职工的智慧和力量，找到正确的发展路径，在班组减负增能、提质增效上谋划新思路，做出新业绩，取得新实效。

公司积极在班组建设中寻找新方法，探索新路径，把班组减负增能、提质增效作为中心工作，通过开展"班组质量奖"评审、创新班组成果交易平台，力争使班组"体格"逐渐变壮、"体型"逐渐变优、"体质"逐渐变好、"体能"逐渐变强，着力把班组建设成为"高效安全、数字智能、价值创造"的作业单元和"自立互助、活力迸发、和谐共进"的职工家园。

**激发主观能动性，增强班组责任感。**俗话说：水龙头不关，拖地板再起劲也是徒劳。只有思想上率先破冰，行动上才能突围。无锡公司基层班组存在"三不"现象：不想暴露问题、不敢提出问题、不能解决问题。对此，我们提出：发现问题是成绩，解决问题是创新。工会必须搭建有效平台，发挥基层在班组建设工作中的能动性和创新性，通过让考核"指挥棒"更加科学、评价"计分牌"更加可感、激励"导向标"更加鲜明，从而激励各基层主动思考，主动改进班组管理模式，创新技术工艺。

**加强管理能力，增强班组危机感。**2018 年推出的生命体班组，本质是班组需要具备更强的自主管理意识和自我管理能力。但是，目前基层班组存在"三不够"现象：自主管理的意识不够强、办法不够多、能力不够足。对此，我们提出：让听得见炮声的人指挥战斗，让不害怕弹片的人留在火线，让经得住炮轰的人立功受奖。此外，班组在运用科学管理工具、促进业务能力提升等方面，还迫切需要得到公司的进一步指导和培训。

**鼓励创新创造，增强班组荣誉感。**公司创新工作存在"三座大山"：创新想法难提出的高山、创新动力难激发的火山、创新成果难交流的冰山。这些因素制约了基层班组申报创新成果的积极性。对此，我们提出：对待班组要像对待客户一样服务。工会干部身段要软，手段要硬，少做声音传话筒，多用身影做榜样。此外，工会要充分发挥定盘星、孵化器、大平台功能，激发基层班组的创新创造热情。

## 行动方案

### 发挥组织优势，以评奖机制促创新

无锡公司工会发挥组织优势，结合实际开展了班组建设减负增效劳动竞赛，通过"班组质量奖"评审活动，达到"四两拨千斤"的效果，促进基层班组聚焦主业主责，激励班组创新创造，加快培育高质效的"生命体"班组，形成了公司班组建设提质增效格局。

**建立"3+6"申报机制。**"班组质量奖"不是硬性工作，而是劳动竞赛，要求班组从日常工作、从实用实效出发进行申报。在申报内容上以问题、目标、结果为导向；在申报性质上紧扣6个落脚点，即提高安全质量、提高生产效率、提高经济效益、提升整体形象、深化实践应用、提升服务水平。评审中把解决工作实际问题、便于实施推广、能产生实效作为价值评判的重要指标。

**建立"四及时"工作机制。**由基层单位负责"班组质量奖"的申报组织工作。班组可根据项目完成情况及时自主申报。所在单位对项目进行审核后，及时提交评审委员会。评审委员会制订现场评审计划，确定现场评审时间，及时组织现场评审工作。现场对获奖项目及时颁发奖牌、奖章。

**建立"现场化"评审机制。**在班组工作现场直接开展评审工作，"强制"要求班组不要制作PPT、不需准备书面汇报材料。成立"班组质量奖"现场评审工作小组，组长由公司工会主席担任，成员由班组建设相关职能部室负责人、专职、班组长俱乐部理事、特邀专家（劳模、高级技师、高级工程师等）担任，使评审更为专业和全面。

**建立"仪式感"评奖机制。**对获奖团队，由公司工会主席现场颁奖。在班组醒目位置张贴项目简报，在班组门口标牌上张贴奖牌，根据工会经费管理规定颁发奖励。在公司层面,开设专题网页专栏进行宣传展示,将优选项目制作成推送在公司微信企业号内宣传,并列入创新孵化库。年度对成果库内所有项目进行梳理汇总评价,并评出年度公司质量奖。

自 2020 年首创班组(团队)质量奖以来,公司系统各单位精心组织,班组积极参与,公司工会共赴班组(团队)301 个,评选出创新成果 599 个,平均每个班组达 1.8 个。

公司组织班组质量奖颁奖典礼,现场发布班组创新"奥斯卡"金奖、银奖、铜奖,激励广大班组创新创效、持续改进。汇编班组质量奖优秀项目双月刊 5 期,制作优秀项目微推送 169 篇,有效地推动了班组创新成果在公司内部的交流推广。

公司领导为获得"班组质量奖"年度奖项的班组颁奖

### 引入"电商模式",以创新平台促互动

为了使创新成果更加畅通地在班组中分享交流,公司还建立了创新成果交易平台,积极发挥宣传、展示、交易、评价、推广五大作用,不断促进班组创新成果转化和推广。在这个平台上,既可以开设自己的店铺,售卖创新成果,也可以用收益兑换物品或服务。创新工作从原来的单向输出变成了多方互动。

班组创新成果交易平台

在交易平台中，以创新币作为交易货币。金币可用于购买成果，银币可用于工作评价。所获得的金币可以兑换各种福利，创新金币可兑换工会定期在平台发布的"商品"。

截至 2021 年底，公司班组创新成果上线率达到 70%，245 个创新成果被推广交易656 笔，平均每个成果被推广 2.7 次。公司班组创新由"金点子"逐步成长为解决问题的"金钥匙"，"一班美"转变为"班班美"。

## 多重价值

### 经济效益

**有效推动公司层面提质增效。** 班组创新成果推广到同业务性质班组，为公司提质增效贡献了力量。其中，289 个创新成果成效属于"缩短工作时间"类，据不完全统计，其中最多的可缩短 339 分钟，最少的可缩短 5 分钟，平均缩短 91.4 分钟，累计缩短时间达2283.97 分钟。

**有效提升班组自主管理能力。** "班组质量奖"评审工作启动以来，得到了班组的广泛参与、基层部门的积极响应，形成了个人有面子、班组有里子、工区有压力、工会有抓手的局面。班组申报的项目在一周内就可获得反馈，公司领导亲自带队与基层班组面对面。评审专家现场提出针对性评价意见，班组再制定年度小目标，不断完善、升级迭代、持续更新，班组感受到了公司的重视，基层工作有了更明确的方向和目标。

**有效畅通公司共建共享通道。**通过"班组质量奖"的评审，公司发现了一批优秀案例和项目，培育了基层一线优秀的创新人才，共享了基层班组总结出来的优秀管理经验案例。对于优秀项目，公司工会会同科技互联网部，对班组在成果专利申报、推广应用、推荐参加上级评审等方面做好跟踪指导工作。"班组质量奖"成果库成为公司科技创新、QC、群众创新成果的孵化库。

## 社会效益

国网无锡供电公司通过班组质量奖评选，产出创新成果；通过创新成果交易平台，使用创新成果；以搭建创新平台培育创新人才，激发创新能力，赋予工人成长价值。

人人可参与、成果可交流、价值可看见、落地到实处的创新促进工作，展现了新时期产业工人的责任担当，进一步激发了工人的创新能力和工作热情，开阔了工人的视野和认识，更打造了一支有理想守信念、懂技术会创新、敢担当讲奉献的产业工人队伍。自2021年以来，4名班组长被推荐为国网公司劳模、国网公司巾帼建功标兵、无锡市劳动模范、江苏省电力公司先进工作者，17名班组长被新聘为六级职员。在各自领域所获的高度认可也打破了对工人职业的传统偏见，极大地增强了工人的职业自信和荣誉感。

正是通过这支队伍，国网无锡供电公司创新动能迸发，多项创新成果获得了重要奖项和表彰。在公司获得"班组质量奖"的项目中有65个项目申报了专利成果。3项创新成果分获中国专利年度奖银奖、国网公司科技进步一等奖（工人组）、江苏省职工十大科技创新成果；3项成果获江苏省劳动竞赛委员会通报表扬，位居省公司系统第一；2项成果分获省公司职工技术创新一、二等奖；1项成果获无锡市职工十大科技创新奖；2项成果

当场为获得"班组质量奖"的班组颁奖

获无锡市职工十大先进操作法。

项目还获得了社会各界的高度认可：全国总工会党组书记陈刚在无锡调研期间，考察何光华创新工作室，并高度肯定公司产改工作；无锡市总工会党组副书记吴涛亲自参与班组质量奖评审；《中国工人》《中国电力报》等媒体对项目进行了报道，对全国企业起到了示范借鉴作用。

## 项目案例

（1）电缆运检中心电缆运检二班《基于 NB-IoT 技术电力智能井盖》，提高了巡检工作效率，有效防止了垃圾倾倒、行人坠落，保障了广大市民的安全。

（2）营销服务中心计量五班《运用"抗疫复产"电力大数据》，展现全社会复工复产情况，为政府精准施策提供了有力的数据支撑，在无锡市得到了有效推广应用。

（3）营销服务中心"称心"团队《便携式三相电能表快速上电装置的研制》，使上电作业时长由 216 秒缩短至 17 秒，提升了作业可靠性，可及时响应客户的需求，提升优质服务水平。

## 未来展望

创新平台激励国网无锡供电公司的班组人员在日常工作中探寻金点子，孵化微创新。未来，国网无锡供电公司还将在以下三个方面进行提升，进一步提高工作效率、开阔工人视野、点燃创新创效的激情：

**积极推进班组减负增能。**让班组回归本源，职工专注主业主责、精准履职。减少班组"无用功"，做强班组"有用功"，推动班组业务、管理、服务转型升级。积极鼓励基层班组自主与业务链上下游班组实施共建结对、和谐共生，打破专业壁垒。加大绩效结果应用力度，注重培养复合型员工，营造"干多干少不一样""干好干坏不一样"的良好氛围。

**全面提升基层队伍素质。**研究劳模荣誉类员工发展通道，尝试拓宽班组长职业发展通道，鼓励员工扎根一线、扎根基层，甘做一颗永不生锈的螺丝钉。深入开展"班组微讲堂"活动，引导立足岗位建功立业。推进"师徒带教"活动，激励年轻员工扎根一线，深入学习专业技术，练就扎实过硬本领。深入应用"金点子"系统，发挥基层工会干部服务基层职工作用，做好公司和班组间的桥梁纽带作用。不断完善职工创新成果库，吸引更多一线职工参与到创新攻关中来。

**持续完善班组评价标准。**紧紧围绕"精益、包容、担当、创新"四个维度，在各专业打造一个具备"自我提升、自我发展、自我规范、自强活力"意识和能力的标杆示范班组和一批先进班组。以"三减三增"为目标，尝试创新构建班组质效综合评价指标，着力解决班组建设中的重"三表"（表面、表层、表演）、轻"三基"（基层、基础、基本功）问题。

## 三、专家点评

合理的平台和制度建设，才能有效培养企业内部的自主创新能力。国网无锡供电公司的创新交易平台具有三层价值：一是畅通了班组提出创新想法的通道，为各个岗位的基层员工都提供了参与其中、发挥主观能动性的机会，确保了优秀的创新想法可以随时得到有效的关注、激励和推广，解决了创新动力难激发、创新成果难流通问题；二是挖掘了工人的潜在优势与闪光点，让工人深刻感受到自身工作的价值，通过对自身价值的认真审视，增强职业荣誉感，优化职业形象，同时助力企业精神文明建设；三是创新点子应用后，效用不会局限于企业内部，而是破壁出圈，造福社会，实现工人、企业、社会的三方共赢，共同构建人人渴望成才、人人努力成才、人人皆可成才、人人尽展其才的良好局面。

**——中国企业联合会管理现代化工作委员会　管竹笋**

**驱动变革**

中国移动通信集团有限公司
# 深耕责任管理，连接美好生活

## 一、基本情况

### 公司简介

中国移动通信集团有限公司（以下简称"中国移动"）于 2000 年 4 月 20 日成立，注册资本 3000 亿元人民币，资产规模 2.1 万亿元人民币，是全球网络规模最大、客户数量最多、盈利能力和品牌价值领先、市值排名位居前列的电信运营商。

### 行动概要

为切实解决企业履行社会责任的两大关键问题——"知行合一"，即让积极履行社会责任的理念真正落实为企业和员工行为；"与时俱进"，即让企业履行社会责任的行动随着企业成长、社会进步和相关方期望不断升级。中国移动作为中央企业中较早关注并实施企业社会责任管理的企业之一，自 2006 年起创新实施战略性企业社会责任管理模式，建立并不断完善决策—组织—实施的三层 CSR 管理体系，形成策略、执行、绩效、沟通管理四大模块的工作闭环，制定了《中国移动企业社会责任管理办法》《中国移动年度优秀企业社会责任实践评选及奖励办法》等规章制度，固化管理提升成果，规范企业社会责任管理的制度和流程要求，构建覆盖全员、全过程的社会责任履行长效推进机制。

## 二、案例主体内容

### 背景 / 问题

中央企业是国民经济的骨干和中坚，在落实国家宏观发展战略、促进经济社会转型发展、改善民生和推动社会和谐等方面肩负着光荣的使命和责任，对社会具有重要的示范和带动作用。这就要求中央企业要以更高的站位和标准来开展社会责任工作：要将责任融入运营，在企业内部建立起履行社会责任的长效推进机制，使之成为企业经营和发展的有机组成部分；要追求价值双赢，找到企业自身经营对于利益相关方影响最大的方面，识别企业具有独特优势的关键领域，通过创新的责任履行方式，努力达成商业价值与社会价值双赢；要汇聚合力，通过发挥影响力和搭建平台，最大限度地聚合各方力量，实现社会责任履行效果最大化。

### 行动方案

作为较早关注并实施企业社会责任管理的中央企业之一，中国移动秉承"正德厚生 臻于至善"的企业核心价值观，践行"至诚尽性 成己达人"的责任理念，努力实现企业经营与社会责任的高度统一，锻造企业责任竞争力，为利益相关方不断创造丰富价值，实现经济、社会与环境的全面、协调、可持续发展。

从 2006 年开始，中国移动以全球企业社会责任管理的通行标准和最佳实践为指引，充分考虑企业运营管理的现实基础，以实效性为原则，创新管理工具和手段，逐步实施了

中国移动战略性企业社会责任管理体系

战略性企业社会责任管理。

中国移动树立了与公司战略紧密融合的可持续发展愿景，实现了企业发展和社会责任在目标和宏观层面的高度统一。在执行推进层面，将社会责任融入公司三年滚动战略规划，实现对社会责任实践自上而下的统一组织和推动。同时，公司每年根据国家宏观政策、社会发展议题、利益相关方期望以及业界最佳实践，动态识别和聚焦可持续发展关键议题，确保社会责任履行重点的与时俱进。

中国移动深刻认识到，员工是企业履行社会责任的主体，员工对于企业社会责任的认识与理解直接影响到企业的履责表现。为此，中国移动广泛开展面向全员的社会责任宣贯和培训活动，并结合企业文化建设工作，通过多种形式开展责任文化传播活动，强化社会责任的自觉履行。

借鉴主流社会责任评价体系，中国移动建立起了常态化的可持续发展关键议题对标管理制度，由发展战略部牵头、根据集团总部和相关单位管理职责确定议题归口管理单位，各单位共同完成对标管理、查缺补漏及改进提升等工作。同时，持续跟进 MSCI、Sustainalytics 等国内外第三方评估体系，与时俱进地提升关键议题的管理水平。通过引入常态化对标管理手段，中国移动得以持续向业界最佳实践学习，从关键议题入手，对照发现公司管理短板，实施持续改进，以保持良好绩效。

为有效激励各级单位的企业社会责任实践活动，中国移动自 2008 年起，每年在全集团范围内开展优秀企业社会责任实践评选。邀请来自政府主管部门、非政府组织、学术机构、权威媒体的专家代表与公司内部专家共同选拔年度优秀实践成果。在履责实践创新、社会责任管理等方面充分吸纳专家意见与建议，促进社会责任实践及时回应相关方关切，不断优化履责行动指引，提升项目实效。

中国移动建立起常态化的利益相关方沟通机制，适时收集了解利益相关方的意见、建议和反馈。中国移动自 2007 年以来逐年发布企业社会责任报告，规范、客观、全面地展现经济、社会和环境绩效表现，就关键议题与相关方坦诚沟通，取得了良好的沟通效果。此外，公司还注重与学术机构和业界组织的交流、对话与合作，有效提升了公司的责任影响力。

## 多重价值

自 2006 年起，中国移动以业界通行标准和最佳实践为蓝本，创新实施战略性企业社会责任管理模式，坚持通过规范的管理体系将履责要求与相关方期望融入公司战略与日常运营中，保持了相对领先的履责绩效。中国移动秉承"至诚尽性 成己达人"的责任理念助力经济社会环境可持续发展，积极结合通信行业特点及自身优势，寻找能为社会创造共享价值的机会。十余年来，在信息基础设施、助力数智转型、信息惠民、精准扶贫、绿色低碳发展、公益慈善等重点领域不断创新履责实践，服务国家社会发展大局，助力解决发展不平衡、不充分的问题，努力为人民创造美好生活。

中国移动以全面推进信息基础设施建设、全面推进全社会数智化转型"两个推进"为抓手，助力数字经济加速发展。在连接方面，建成全球领先的通信网络；在算力方面，形成"4+3+X"的数据中心全国布局；在能力方面，持续锻造业界领先的人工智能、云计算、区块链、大视频、高精定位等核心能力引擎，助力千行百业实现效率效益跃升，为生产生活的丰富场景注智赋能。

中国移动持续开展"电信普遍服务工程"，通过不断完善偏远地区的信息基础设施建设，推动偏远地区 4G、5G 和宽带网络覆盖，努力让信息服务成为全体民众都能够享有的基本权利。同时，公司积极运用技术创新手段等方式，致力于消除老年人、残障人士、文化差异人群等重点群体在信息消费资费、重点设备、服务应用方面的障碍，加快弥合数字应用鸿沟，共享信息红利与数智化便利。

中国移动坚决贯彻落实国家有关实施乡村振兴战略的决策部署，发挥公司网络、技术、数据等优势，深化"网络+"乡村振兴新模式，制订实施《"十四五"数智乡村振兴计划》，接续做好"七项帮扶举措"，助力巩固拓展脱贫成果，创新实践"七大乡村数智化工程"，注智赋能乡村振兴。多年来，中国移动在全国脱贫地区信息化投入超过1800亿元，累计捐赠帮扶资金 22.3

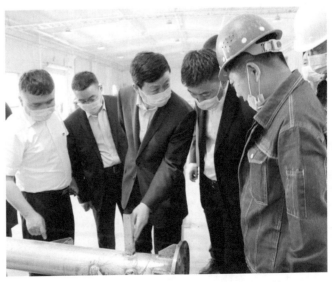

中国移动党组书记、董事长杨杰在中国移动援建的新疆疏勒县工厂调研

亿元，派出帮扶干部 5400 余人，购买和帮销农产品金额近 8 亿元。

中国移动长期以来持续投身公益慈善工作。近年来，注重依托信息化科技优势，融合主业，深化公益慈善项目成果。通过"蓝色梦想"教育捐助计划，帮助中西部农村地区近 13 万名校长进行教育理念更新，提高学校管理能力；为

中国移动在天津泰达国际心血管医院开展中国移动"爱心行动"冰雪公益活动

中西部地区捐建多媒体教室 4029 间，帮助农村中小学创新教学模式，提升信息化水平；对 61898 名困境儿童进行了先天性心脏病筛查，手术救治确诊患儿 7069 名，为困境先天性心脏病儿童带来了新生希望。

2021 年，中国移动将"绿色行动计划"升级为"C2 三能 ——碳达峰碳中和行动计划"，构建"三能六绿"绿色发展新模式，为助力实现"双碳"目标贡献新力量。在推进数智化转型、加快高质量发展过程中，扎实履行环境责任，严控自身能源消耗和碳排放增幅，持续降低能耗强度和碳排放强度。充分利用自身数智创新技术实力与信息化建设经验，在积极采用 5G、物联网、云计算和大数据、人工智能等技术打造"智慧环保"解决方案的同时，发挥数智技术降碳杠杆作用，助力千行百业提高能源利用率和生产效率，促进全社会集约资源、提高效率、减少排放，支撑经济社会绿色转型目标的实现。2021 年，中国移动实现每 TB 信息流量助力社会减排 115 千克二氧化碳。

中国移动着眼于共享价值的诸多实践探索，不仅为相关方带来了全新的数字化生活体验，也为自身战略转型和创新发展带来了新的动力，实现了可持续的价值创造与分享。中国移动连续十七年在国务院国资委中央企业负责人经营业绩考核中获得最高级别——A 级评价；连续四年在中央单位定点扶贫考核中获最高等级评价；2021 年，中国移动成为唯一一家入选 CDP"应对气候变化最高评级 A 名单"的中国内地企业；中国移动"全球通蓝色梦想公益计划"等实践入选中央企业优秀社会责任实践；连续十余年开展的优秀企

业社会责任实践案例的传播展示，提高了企业履责行为的社会认可度。

## 未来展望

多年的企业社会责任管理和实践探索让中国移动深刻意识到，坚持推进企业社会责任管理有利于企业自身管理水平的提升，是企业转变发展方式、锻造可持续发展能力、持续创造可持续发展价值的重要方式。将企业社会责任全面融入公司战略、文化理念、运营标准、制度规范、评价体系，并建立全面的利益相关方沟通参与机制是企业社会责任工作发挥作用的关键。

随着5G、物联网、大数据、云计算、人工智能等新技术的发展，信息通信行业的作用将更加凸显。中国移动将进一步深化企业社会责任管理从管理提升工具向价值创造工具的转变、从管理约束到主动行为的转变、从项目管理到全面管理的转变，通过不断创新的社会责任实践活动，努力发挥信息通信技术的连接与赋能作用，助力相关方各展所长，为推动经济、社会、环境可持续发展做出长期、积极的贡献。

# 三、专家点评

中国移动秉持"知行合一"和"与时俱进"的理念，历时16年始终从战略高度推进企业社会责任工作，建立起战略性企业社会责任管理体系，是唯一一家入选CDP"应对气候变化最高评级A名单"的中国内地企业，很好地诠释了中国移动前瞻引领时代发展潮流、勇于创新担当的责任使命。作为行业先锋，中国移动应该在今后的工作中进一步加强在可持续发展创新方面的努力，充分发挥数智技术的赋能杠杆作用，在消除数字鸿沟、完善"范畴3碳减排"措施、推进数字孪生技术应用等方面不断创新，从社会、环境和经济等维度为客户赋能，将解决可持续发展面临的挑战作为重大的企业可持续发展转型和可持续价值创造的机会。

**——西交利物浦大学国际商学院副教授　曹瑄玮**

**责任金融**

国网浙江省电力有限公司物资分公司
# 电 e 金服——
# 破解供应链中小微企业融资难题

## 一、基本情况

### 公司简介

国网浙江省电力有限公司物资分公司（国网浙江浙电招标咨询有限公司）是国网浙江省电力有限公司直属单位，承担浙江省公司物资供应服务工作，负责省公司所属各单位物资需求计划的收集、汇总、审核和平衡利库，合同集中签订、结算，省公司层面各单位物资合同履约协调、各地市供电企业重大合同履约问题协调，产品质量、供应商关系、仓储配送、废旧物资处置及应急物资管理工作，开展物资信息化、标准化建设，依据国家法律法规开展招标采购代理服务工作。

| 招标采购 | 物资供应 | 质量监督 |
|---|---|---|
| 负责浙江省电网设备材料、电网工程设计施工监理、运维服务等集中招标采购和管理工作 | 承担省公司物资供应工作，负责需求计划的收集、汇总、审核、平衡利库、合同集中签订、结算、仓储配送、废旧物资处置及应急物资管理等工作 | 承担省公司物资质量监督职责，开展设备监造、抽检、供应商关系管理等工作 |

近年来，公司以习近平新时代中国特色社会主义思想为指导，以党的建设为引领，全面贯彻落实国家电网公司战略和国网浙江电力工作部署，坚持稳中求进总基调，以"好设备、好服务、好环境"为指引，

聚焦服务经济社会转型、服务电网发展转型，走在前，作示范，争当国家电网公司现代绿色智慧供应链标杆"链长"，加快建设全链智能的数字物资示范窗口，为建设国家电网新型电力系统省级示范区提供坚强的物资保障。公司先后获全国文明单位、国网公司文明单位、浙江省文明单位、浙江省模范集体、浙江省五一劳动奖状等荣誉称号。

### 行动概要

国网浙江省电力有限公司物资分公司（以下简称"国网浙江物资公司"）围绕产业链中小微企业融资难题，依托国家电网公司"电 e 金服"线上产业链金融平台（以下简称"电 e 金服"），结合产业链供应商实际金融服务诉求，携手金融机构共同设立了浙江电力供应商产融服务中心，链接金融机构与产业链企业，向产业链上下游企业提供了供应链金融、保证金保险等更加多元化、个性化的金融服务，并设立了线下服务窗口，方便企业开展相关金融业务，进一步聚合产业、金融力量，带动产业链上下游共同发展，提升金融服务实体经济质效。同时，基于区块链技术创新打造"网融链"产品。通过该产品，核心企业可将供应链中沉淀的应收账款转化为高效、安全的线上化数字凭证。数字凭证可在商圈内转让或转让给商圈内的金融机构进行融资，实现核心企业信用多级穿透，有效缓解中小微企业融资难、融资贵问题。全面打通了线上线下服务环节，切实满足了产业链内供应商金融服务诉求，缓解了企业资金压力，为解决中小微企业融资难问题提供了一条全新路径。

## 二、案例主体内容

### 背景／问题

中小微企业作为重要的市场主体，在吸纳就业、保持产业链供应链安全稳定、深化供给侧结构性改革、建设现代化经济体系、推动高质量发展等方面发挥着重要作用。一直以来，党中央、国务院都高度重视中小微企业的发展，持续推进"放管服"深化改革，支持中小微企业参与竞争，出台货币金融及税收方面的多项政策，减轻中小微企业的经营压力。

在中小微企业的发展过程中，融资难题一直是重要的发展阻碍。2021 年《政府工作报告》中明确提到"进一步解决中小微企业融资难题""务必做到小微企业融资更便利、综合融资成本稳中有降""实行中小微企业简易注销制度"等多项工作要求和举措，大力推动中小微企业健康发展。一方面，中小微企业由于经营发展的不确定性强、抵御风险能力差，提高了融资的风险溢价；另一方面，中小微企业财务信息不够标准和透明、披露的信息有限，金融机构难以准确评价中小微企业的信用、前景及资金使用效益，对中小微企业的贷款比较谨慎。多种因素交织影响，导致中小微企业融资难、融资贵、融资慢的问题一直存在，不仅影响到了企业自身的发展，对整个行业以及产业发展也造成了巨大阻碍。

以电工装备行业为例，国网浙江电力电网设备材料供应商超过 1100 家，其中约 80% 属于中小微企业，但受原材料价格上涨、成本压力增加等因素的叠加影响，企业资金压力剧增，资金链风险通过电工装备产业链向上下游传导，对产业链上更多原材料、零配件中小微供应商造成了巨大冲击，影响了产业链整体的安全稳定。这不仅关系到企业自身的生存与发展，也会影响电网物资的及时供应和安全可靠，继而对电网整体建设和稳定运行造成影响。因此，如何便捷、高效、实惠地获得融资，已经成为中小微企业和产业链健康发展的关键，也是社会各界关注的热点问题。

## 行动方案

2020 年，国家电网公司正式推出了"电 e 金服"线上产业链金融平台，为促进金融供需高效匹配、带动全产业链发展提供了一条新的路径。然而，由于部分中小微企业对"电 e 金服"产品信息不了解、个性化金融服务需求较多，且受信息不对称等因素的影响，存在金融业务受理受限、企业有融资需求却不知如何申请和办理等问题。因此，必须进一步创新工作方式，优化工作流程，持续推进产融协同，深化"电 e 金服"推广应用，以更加精准、精心、精细的金融服务，助力中小微企业解决融资难题，推动产业链上中小微企业高质量发展，提升产业链稳定性和竞争力。

### 加强多方沟通，聚焦关键问题

国网浙江物资公司系统梳理出产业链金融服务过程中所涉及的主要金融机构、供应商、供电公司等利益相关方，通过座谈会、上门调研、电话访谈等多种沟通形式，进一步加强与利益相关方之间的沟通交流，掌握不同利益相关方在产业链金融服务过程中的角色与地位，充分了解各方在产业链金融服务方面的关注重点及核心诉求，深入分析产业链中小微企业融资难、融资贵、融资慢的问题根源。

一方面，由于中小微企业核心竞争力较弱，受市场环境影响较大、企业信息共享不充分等因素的影响，金融机构难以完全了解企业的实际运营情况，因此出于风险管控的原因，对中小微企业的贷款更加谨慎；另一方面，不同企业对金融服务的需求不同，标准化的金融服务产品难以完全适配各企业的发展需求，对缺乏专业知识的中小微企业来讲，难以选择合适的金融服务产品。双方信息不对称以及多元化的金融服务诉求，导致了产业链中中小微企业融资难题的进一步加剧。

### 创新服务方式，拉近服务距离

结合利益相关方金融服务诉求，国网浙江物资公司携手金融机构创新成立浙江电力供应商产融服务中心，全面打通线上、线下产融服务通道，让服务更进一步。通过采取在供应商服务大厅专设"产融服务岗"、在招标采购平台设置"产融业务专栏"、组建专项工作团队等举措，帮助金融机构与产业链客户实现精准对接，为供应商提供更加多元化、个性化的金融服务，推动产业链上下游企业共同发展。

产融服务中心大厅

**线下服务窗口，服务面对面**。在供应商服务大厅专门设立了线下"产融服务岗"，负责产融协同政策推广、产融协同产品筛选与推广、客户回访、意见征集及反馈等工作，实现服务面对面。

**线下服务中心，服务更专业**。抽调英大保理等金融机构的工作人员，成立了产融服务中心专项工作组，线下固定场所集中办公，对接线下线上收集到的供应商服务需求，制订个性化金融方案，有效地满足了中小微企业的融资诉求。

**线上服务专栏，服务更便捷。**
在现代智慧供应链一站式服务门户开发设立线上金融专区，宣传介绍产融协同业务和产品，提供线上金融业务咨询和办理，实现了供应商业务办理"一次都不跑"。

**丰富服务产品，让服务更多元**

持续深化"电 e 金服"应用落地，基于区块链技术，依托数字化手段打造"网融链"供应链金融服务产品，以合同融资模式开展供应链金融服务，解决供应商在传统融资方式中面临的信用和担保难题，为快速融资开辟新途径。

产融服务岗

**搭建供应链金融服务信息平台。**供应链金融是金融机构凭借对核心企业信用的认可，对其多级供应商提供融资服务的一种业务模式。依托数字化手段搭建"网融链"信息平台，实现核心企业信用多级穿透，让金融服务精准惠及更多供应商群体，打造更具普惠性、更具影响力的产业链金融生态圈。

**建立供应链金融服务标准业务流程。**通过区块链金融平台开展"一站式"资金融通业务，电网企业在平台上对一级供应商的应付账款或合同进行确权，将该笔应付账款或合同转换为数字化金融凭证，各级供应商在平台上通过对该数字化金融凭证的灵活拆分、转让或向金融机构融资，以达到提升本企业资金流动性的目的。

注册及进入商圈

"网融链"将原本作为供应链核心企业沉淀的大量应付账款转化成为高效、安全的线上化数字凭证，数字凭证可通过供应链转让传导至上下游的中小微企业，持有数字凭证的中小微企业可以持有到期，也能够以较低的利率便捷、快速地向"网融链"上的金融机构申请融资，不仅大幅度地压缩了回款周期，减轻了企业资

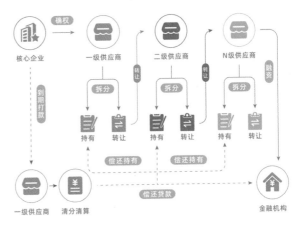

转让与融资

金压力，也将融资时间由线下的 1 周至 3 个月缩短至线上的 1 个小时以内，有效地解决了中小微企业融资难、融资贵、融资慢以及流动性不足的问题。

### 优化平台管理，满足多元诉求

全面加强产融服务中心管理，优化管理制度和管理流程，持续推出创新性金融服务产品，适应不断变化和更加多元的供应商金融服务需求。

**严格风险防控，明确各方责任。**建立金融机构、金融产品、供应商准入机制，加强评估审核，从源头上严格风险防控。精心筹划，设计产融协同工作实施模式，明确各方职责边界，严格落实相关风险管控措施，确保依法合规开展产融协同工作。

**优化资源整合，提升用户体验。**深入整合供应商服务中心和产融服务中心资源和功能，升级改造财务物资结算一体机，供应商在异地财务物资结算一体机上办理结算业务的同时，还可以根据自身需要办理融资业务，一键完成注册申请融资等操作，使供应商在异地同样也可以实现业务办理"一次都不跑"。

**完善服务产品，满足全程诉求。**以供应商产融服务中心为圆心，智能匹配供应商不同时段需求，智能识别不同类型的供应商并精准推荐金融服务产品；增加"电 e 金服"门户通道，引导客户到门户办理金融业务，第一时间告知供应商适用的产融服务，帮助供应商直连金融机构，加速信息传递，提供更全面的"一站式"服务。

### 加强宣传推广，惠及更多企业

一是持续加强与金融机构、产业链供应商之间的沟通与交流，定期组织召开供应商

暨金融机构座谈会，听取工作意见建议，同时携手金融单位开展供应商调研走访活动，走进企业与相关负责人开展深入的沟通交流，为供应商和金融机构之间搭建起常态化的沟通交流桥梁。在日常供应商沟通交流的基础上，做好主动服务，精准对接需求，推荐性价比高、贴近需求的金融产品，宣传介绍"电e金服"产品详情及申请流程，解答服务疑问，充分保障供应商在投标、签约、供货、结算等环节的核心利益。截至2021年10月底，已组织了2次大规模座谈会，累计参会人员达120余人；走访调研供应商14次，解答企业流程不熟悉、政策不了解等问题50多个，有效满足了供应商金融服务的实际需求，助力企业生产经营健康发展。

二是加强与媒体之间的沟通合作，提升"电e金服"的知晓度和影响力，相关内容入选了《人民日报内参》、新华社《国内动态清样》，并得到《浙江日报》、浙江卫视等权威媒体的深入报道；定期向浙江省金融办、浙江发改委等政府部门汇报沟通"电e金服"产融工作举措，配合浙江省政府完成对供应商金融产品使用情况的现场调研，组织编写"电e金服"推广应

媒体报道

用及绿色金融开展情况、供应链金融社会责任报告等汇报材料，争取得到政府部门的更大支持。

## 多重价值

**创新服务方式，推动产业发展。** 项目的实施，打通了线上、线下产融服务环节，进一步增强了"电e金服"的服务能力，延伸了"电e金服"的服务范围，将公司资信、资源和要素优势拓展辐射到产业链上下游，打通金融血脉，畅通产业循环，构建能源产业链新生态，在深化产融协同方面发挥了积极作用，探索出了一条具有可复制、可推广的产融服务发展新模式。

**缓解融资难题，彰显服务价值。** 项目的实施，为供应商及产业链上下游企业提供了更加安全、便利、优惠的金融服务，截至2021年10月底，已累计释放供应商保证金34.4亿元；为422家供应商提供了低息融资服务28.94亿元，其中中小微企业占比达到了

80.2%; 累计开展直接租赁 116.5 亿元; 承保浙江省电网员工各类人寿保险 7.19 亿元; 试点质量保证金保险、寄存物资融资等多项业务。有效拓展了产融业务覆盖面, 为中小微企业高质量发展贡献了积极力量。

**多方协作配合, 促进多方共赢。**项目的实施, 发挥了产融服务中心的平台作用, 实现了多方价值共赢, 有效帮助金融机构减少了信息不对称, 提高了服务实体经济效率, 降低了金融业务风险; 帮助电网供应商企业增信, 使其获得更加便利、普惠的金融服务, 为其解决实际困难, 彰显了公司担当作为、开放共享的社会形象, 赢得了社会各界的广泛认可与支持。

### 未来展望

国网浙江物资公司将始终秉承人民电业为人民的初心使命, 充分发挥电力大数据优势和供应链金融服务力量, 构建绿色供应链金融生态圈, 为供应链上下游提供更加经济、便捷、安全、可靠的金融服务, 带动上下游中小微企业共同发展, 持续赋能浙江经济社会高质量发展。同时, 进一步推动"电 e 金服"走深走实, 持续统筹推进供应链金融服务在地市公司的全面推广落地, 为浙江省其他重点核心企业作出示范, 带动这些企业共同发力, 营造产业链上下游良好发展生态, 惠及电网企业供应链上的大批中小微企业, 保障供应链稳定, 并结合差异化的供应链金融产品, 探索订单融资等模式应用, 为广大中小微企业"输血"添动力。

## 三、专家点评

"电 e 金服——破解供应链中小微企业融资难题"项目体现了国网浙江省电力有限公司物资分公司在推动可持续发展方面的管理创新。通过产业链金融服务构建起了一个多方参与的可持续发展生态圈, 满足了所有参与主体的发展诉求, 实现了共同发展, 也让可持续发展成果惠及产业链中的更多企业。

**——全球契约中国网络执行秘书长　韩斌**

**责任金融**

南京江北新区发展基金

# 资本催化创新前沿，
# 添翼国家级新区补链强链

可持续发展
**目标**

## 一、基本情况

### 公司简介

南京江北新区发展基金（以下简称"江北发展基金"）成立于 2016 年，是由江苏省政府投资基金与南京江北新区共同出资设立的政府引导基金，专门用于支持江北新区产业转型升级和城市建设发展，基金总规模 20 亿元。

江北发展基金积极落实国家创新驱动发展战略，始终秉承绿色与可持续发展的理念，紧紧围绕江北新区"三区一平台"战略定位、"两城一中心"建设方向，努力做好 "芯片"与"基因"方向的产业引导，促进产融结合。

### 行动概要

江北发展基金通过市场化运作的母基金，围绕产业链布局创新链，积极探索金融与产业、科技的有效融合，高效聚集资金、人才、资源，激励更多的社会资本进入芯片、生物医药等重点产业领域，引导各类资金与项目落地，规模超百亿元，不断提升产业链、供应链的稳定性、竞争力和现代化水平，并从中深挖潜力、释放活力和创造力。

2020 年，江北新区集成电路、生命健康两大地标产业产值分别实现了 63%、30% 的增长，江北发展基金积极为两大产业发展注入新鲜"血液"，成为创新驱动的"催化剂"，推动了"两城一中心"产业地标加速崛起。

在 ESG 投资理念的指导下，江北发展基金积极落实国家创新驱动发展战略，聚焦构建以产业生态化、生态产业化为特征的生态经济体系。自 2015 年 6 月设立以来，南京江北新区人口已近 300 万，经济总量超 3000 亿元，GDP 增量与增速领跑南京市，地区生产总值、一般公共预算收入、全社会固定资产投资等主要指标实现翻番，成为江苏省高质量发展的重要增长极。目前，江北新区空气优良率超过 85%，稳居南京市前三，全面消除劣 V 类水体。江北发展基金通过深耕重点产业、构筑产业集群、引入优质项目和人才等切实手段，持续赋能区域实体经济高质量发展，为推动江北新区实现经济社会可持续发展注入了新动能。

## 二、案例主体内容

### 背景 / 问题

南京江北新区作为我国第十三个、江苏省唯一的国家级新区，承担着国家创新驱动发展的重要使命。江北新区紧密围绕国家"三区一平台"的战略定位，积极落实省市战略布局，聚焦集成电路和生物医药等战略性新兴产业发展重点，探索可持续的产业转型和升级之路，致力于成为带动周边区域创新发展的新引擎。

江北新区自设立以来，依托政策和体制优势，全力探索金融与产业、科技高效融合的发展路径，但仍面临产业链协同发展、增强可持续发展动能两个方面的挑战。

首先，当前江北新区具有国际竞争力的高端创新资源不足、转型资金需求巨大、产业结构亟待优化等难题。集成电路产业是南京市八大产业链之一，江北新区是全国最重要的集成电路创新创业集聚区之一。目前，江北新区已集聚上下游企业 500 余家，产值 500 亿元，相当数量的企业正在突破"卡脖子"技术，如 EDA 领域的芯华章、汽车芯片领域的芯驰科技、光电芯片领域的镭芯光电等。"基因之城"打造以基因和细胞为引领的生命健康产业高地，目前已落户 900 余家大健康产业链企业，产业规模突破 1000 亿元。站在"十四五"新起点上，江北新区要建设千亿级规模的"芯片之城"和"基因之城"，推动科技创新、升级传统产业，亟须吸纳创新资本力量，构建更活跃的金融业态，引入更多产业与资金落地，推动更多创新企业和优质人才在新区投资兴业。

其次，长期以来江北新区生态承载超负荷、产业结构偏重。在"双碳"国家战略背景下，距离我国实现碳达峰目标已不足 10 年，这对南京江北新区形成以更绿色、高效和可持续的消费与生产力为主要特征的可持续发展模式，在加快转变经济发展方式、推进产业结构优化、推动绿色发展、提升城市品质等方面都提出了巨大挑战。

## 行动方案

江北发展基金积极响应"体面工作和经济增长""产业、创新和基础设施""可持续城市和社区"等"联合国 2030 可持续发展目标"（SDGs），将资本和产业紧密结合，强弱项、补短板，不断提升产业链供应链稳定性、竞争力和现代化水平。同时，充分发挥政府引导基金在调结构、转方式、推动绿色经济增长方面的积极作用，持续为江北新区产业发展"输血供氧"，以实现新区经济、社会、环境等综合价值的提升。

在具体运行方面，江北发展基金构建了"母基金—子基金—项目"的产业资源网络，依托财政资金的投资杠杆和引导作用，顺应江北新区未来产业发展重点，在芯片、生物医药等产业领域进行"深耕"，持续地、成体系地为江北新区注入创新资源，围绕产业链布局创新链，促进资本和产业紧密结合，创新性地助力江北新区打造产业集群，推动江北新区加快推进"科技＋产业＋金融"协同发展。

聚焦关键突破点，江北发展基金坚持以资本服务科技创新、助推产业转型升级为宗旨，为江北新区"芯片之城""基因之城"建设提供金融支撑。针对集成电路产业重资本、长周期、高风险等特点，发挥母基金作为创新创业长期资金来源的作用，通过培育"金融＋科技"新业态、打造"基金＋产业"新模式，紧盯新兴产业发展趋势和科技创新前沿领域，为产业链的关键领域、关键环节赋能，不断畅通和稳定上下游产业链条。

一方面，基金通过培育壮大服务载体、引入资本支持、孵化平台、配套项目等，为集成电路、生物医药等核心产业的创新发展构筑了完整的产业生态圈，为江北新区高质量发展奠定了坚实的产业基础。

另一方面，在打造产业底座的基础上，江北发展基金还通过强链、补链、延链、壮链，持续提升产业链完整度和发展能级。基金积极发挥资本优化区域创新资源配置的作用，通过投资具有深厚产业背景的子基金，积极引入优质项目落地，助力江北新区产业链的完善，为提升区域新兴产业竞争力注入动能。

多面发力，赋能发展。江北发展基金联合子基金引导多个重点项目落地江北新区，如：投资并引荐集成电路封测产业龙头——华天科技（002185）落地，完善了江北新区在芯片封装领域的布局; 引入第三代半导体重点项目——百识半导体签约南京江北新区, 建立第三代"半导体外延片 + 器件"专业代工, 助力完善南京市集成电路产业链重要一环; 多轮投资江北新区明星项目——芯驰半导体, 该项目研发的高性能、高可靠的车规处理器芯片, 迅速填补了国内高端汽车核心芯片市场的空白; 引导国内龙头芯片设计服务和自主 IP 提供商——芯原股份总投规模超过 10 亿元的南京公司落地江北新区, 为江北新区的集成电路产业发展提供了核心技术支撑。

以江北发展基金投资覆盖项目武汉飞恩微电子有限公司 (以下简称"飞恩微电子") 为例:

飞恩微电子以汽车电子、工业电子和消费电子产品为核心业务, 提供芯片 (专用集成电路芯片、MEMS 芯片)、MEMS 压力传感器、MEMS 压力传感器系统产品、测试设备等四大类产品, 以及 ODM/OEM 服务。

2019 年, 江北发展基金通过参股子基金国调国信基金投资了武汉飞恩微电子, 该公司随后在南京设立了子公司——南京飞恩微电子有限公司, 成立华东总部, 正式落地江北新区。

南京飞恩微电子有限公司落地江北新区

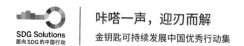
在投后阶段，江北发展基金联合国调国信基金 GP 和利资本，为飞恩微电子引荐来自中国台湾、日本等国家和地区的 MEMS 芯片供应商，同时协助洽谈收购成熟的 MEMS 芯片设计团队并积极为企业对接政府产业优惠政策。基于工艺应力模型封装技术和高效批量标定测试算法，飞恩微电子建立了数条全球领先的单件流全自动化生产线，产品已覆盖整车所有压力传感器应用，已实现数千万只汽车前装配套。

目前，飞恩微电子南京工厂已经完成了扩产能和产线调试，保持高速成长。飞恩微电子等一批重点企业的落地及发展，有力地助推了江北新区进一步完善集成电路产业链，营造出多元化集成电路生态圈。

此外，围绕"绿色、智慧、人文、宜居"目标，江北发展基金不断加大对新区重点基础设施和民生工程项目的投入和引导力度，着力支持城市功能和形象的提升。按照江北新区棚户区的改造计划，江北发展基金积极参与新区第一期棚改项目——泰山街道 2、4、6 地块拆迁改造，该项目由江北发展基金联合其他出资人共同投资 3.1 亿元，并吸引社会资本 30 亿元投入新区棚改。同时，江北发展基金积极参与设立浦口经开私募投资基金，与浦口经开公司、金融机构共同出资 6.8 亿元支持浦口经济开发区的建设和发展，促进该区域环境优化和功能提升，助力古都南京焕发全新活力。

## 多重价值

### 巩固提升优势产业，支持区域发展提质增效

江北发展基金突出产业重点方向，聚焦重大项目引领支撑，大力推动产业链整合、价值链提升、生态链优化，为新区经济持续增长和高质量发展注入强劲新动能。江北发展基金覆盖项目中，晶晨股份、华熙生物、寒武纪、芯原股份、格科微电子、翱捷科技、和元生物七家企业已实现 IPO，另有云天励飞、华大智造、集萃药康三家企业科创板首发获通过。在半导体相关产业领域，江北新区已落地项目以 IC 设计为核心，着眼光电、车联网、CPU/MCU、人工智能和 EDA 五大领域，同时串联原材料、设备、设计、制造和封测的产业链条。目前，江北新区已集聚芯驰半导体、飞恩微电子、诺领科技、希烽光电等优秀集成电路领域企业。中国 EDA 创新中心落户新区，华为鲲鹏、龙芯两大产业园正在加紧建设。

在生物医药产业领域，江北新区以生物医药谷、南京国际健康城等为主要载体，重点发展基因、生物制药、医疗器械等产业。通过基金投资引导，集聚了世和基因、维立志博

等一批优质企业。新区的生命健康相关产业链已初步形成,涵盖医药研发、生物制药、诊断试剂、基因检测、医疗器械、医药销售、健康服务等上下游环节,正在向千亿级产业集群的目标靠近。

### 完善创新创投生态,优化区域创新资源配置

通过多年的战略布局,江北发展基金合作了一批优秀创投机构,其中既包括以华登国际、和利资本、赛富基金为代表的头部专业机构,也包括以新希望、华大基因、华天科技为代表的优秀产业资本,集聚了一批优秀的创业创新人才。截至 2021 年 12 月,江北发展基金累计合作子基金 20 余只,引导各类资金投资于江北新区内项目或引导项目落地江北新区的总规模超 200 亿元。

与此同时,江北发展基金积极帮助企业争取税收、厂房用地、人才引进、科研补贴等各项优惠政策,引导资源要素向高效益、高产出、高技术、高成长性企业集聚,将江北新区打造为名副其实的创新高地、产业高地与人才高地。

### 建设前沿投资高地,获得广泛关注认可

江北新区高速发展的一大重要原因就是抓住了资本,用资本赋能产业发展。"新金融"是江北新区实体经济发展的"血液",也是新区创新驱动的"催化剂"。江北新区把新金融作为一个指导产业在打造,充分发挥产业与金融协同效应,持续走金融助推产业之路。

江北新区发展离不开特色鲜明的主导产业,特别是以资本助推实体经济发展的新金融产业,充分发挥政府引导基金的作用,为江北新区的创新发展引来源源活水。新金融的核心是创新资本产业融合,科技金融和金融科技也是江北新区发展的重点,资本要为"芯片之城""基金之城"赋能,同时资本也要有一个独立的产业在江北新区快速发展。

### 未来展望

### 加强国际化视野布局,推动科技、资本、产业高水平循环

一方面,以全球视野打造具有国际竞争力的产业链。立足南京,对全球范围集成电路、生物医药的产业、科研、人才等资源进行有效整合,培育或引进若干产业上下游的头部企业与科研机构,形成国际竞争力。另一方面,做好金融生态培育和产业资源汇聚。以基金为平台,引导投资机构和产业资本关注、汇聚于南京,并吸收其资金、产业、人才和人脉资源,推动江苏科技、资本、产业高水平循环;同时,通过海外产业导入及跨境并购

业务，拓展自贸区金融试验区新型金融服务，加快发展跨境金融业务，谋求转型发展新机遇。

### 积极响应"双碳"目标，探索绿色赋能新路径

江北新区一直积极响应国家"十四五"规划中碳达峰、碳中和远景目标和要求，把"双碳"战略纳入江北新区经济社会发展全局。江北发展基金可为绿色低碳领域的创新创业企业提供资本支持，加速被投企业的产品和技术在低碳应用场景的落地和实践，积极推进生态环境治理体系和治理能力现代化，推动生态文明建设实现新进步，进而探索构建江北新区作为国家级新区的"双碳"示范区域的路径，为实现江北新区"双碳"目标、打造南京市"双碳"高地、助力江苏"率先达峰"贡献力量。

## 三、专家点评

2021 年 12 月，我参加了在南京江北新区举办的"第十一届中国创新资本年会"，了解到南京江北新区之所以能够在短短几年里聚焦"两城一中心"建设目标，快速崛起，迅猛发展，以江北发展基金为代表的创新资本力量发挥了极其重要的推动作用。江北发展基金设立五年多来，不断探索"政府引导、市场运作、企业管理"的发展模式，充分发挥政府引导基金的三大功能，取得了令人瞩目的成效，成为我国区域性地方政府引导基金的典范与标杆。一是发挥引导基金的投资导向作用，江北发展基金以"芯片"与"基因"两大主导产业为抓手，引入一批产业龙头企业和优秀人才，为新区建设"芯片之城，基因之都"奠定了坚实基础；二是发挥引导基金对社会资本的集聚作用，先后与国内优秀创投机构和产业资本合作，吸引各类资金与企业到江北新区落地，规模近 200 亿元；三是发挥引导基金运用股权投资方式支持科技创新的可循环作用，不断提高政府投资的效率和效益。我相信，在江北新区未来的发展过程中，特别是在加快绿色低碳技术成果转化、推动企业实现绿色转型发展的新征程中，江北发展基金作为中国式区域母基金将大有可为，续写创新资本可持续高质量发展的新篇章。

**——中国投资协会副会长、股权和创业投资专委会会长 沈志群**

南京江北新区具备国家级新区、自贸试验区"双区叠加"的独特优势，同时也肩负打造江苏创新策源地、引领区和重要增长极的战略使命。江北发展基金自设立以来，以资本

力量为区域创新发展探路,推动新兴产业集聚、加速传统产业转型升级、促进产业链配套完善,充分发挥产业与金融的协同效应,成为江北新区实体经济发展的"催化剂"。未来,在实现新区产业结构调整、打造长三角新兴产业生态圈等领域,期待江北发展基金都能发挥长效力量,贡献出可供参照的"江北蓝本"。

**——中国人民大学财政金融学院副教授　胡波**

美好出行

北京百度网讯科技有限公司

# 百度地图"智慧"破解城市停车难题

## 一、基本情况

### 公司简介

百度地图坚持"新一代人工智能地图"发展战略,以位置服务为基础,以人工智能为引擎,为智能交通、智慧物流、智能汽车、智慧城市、智慧工业、智慧金融等行业提供解决方案,赋能千行百业数字化转型和智能化升级。

目前,百度地图服务全球超过 10 亿用户,拥有 AI 技术领先的数据采编团队,已实现 96% 的数据加工环节 AI 化,道路覆盖里程达 1100 万千米,覆盖全球 1.8 亿 POI,拥有超过 20 亿张全景照片。百度地图日均位置服务请求已突破 1300 亿次,累计服务超 60 万的移动应用,获得了超过 230 万地图开发者的信赖和认可。

作为智能交通发展的基石,百度地图在车路协同、自动驾驶、智能信控、智慧停车、智慧高速、MaaS 等领域发挥着越来越重要的作用,参与到智能交通建设的各个环节,支撑整体交通效率优化。

在产业智能化浪潮下,百度地图正在将"云智一体"的独特优势释放到更多领域,作为百度智能云的核心特色能力和赋能行业的重要引擎,为更多行业输送新动能。

### 行动概要

百度地图智能空间综合解决方案依托人工智能技术和物联网、交通大数据,已广泛应用于交通枢纽、商场、医院、园区等公共空间的智能化建设，基于百度地图国民级出行应用、云计算、物联网等技术，实现车、路、停车场、车位资源智能配置、高效引导，全面提升静态交通管理运营效率和服务水平。一方面，该解决方案通过"智能停车、室内 AR 导航、室内外一体导航"等核心能力，解决出入空间"停车难""找路难"等出行效率问题。另一方面，针对不同城市和行业的定制化需求，该解决方案还能提供智慧营销、交通接驳、时空大数据分析监测等服务，在助力运营效率提升的同时，也让城市管理和公众出行更高效、更美好。

智能空间解决方案整体系统架构

## 二、案例主体内容

### 背景 / 问题

随着我国社会经济的发展进步，各城市公共空间建设规模和车流量逐年扩大，对于大型交通枢纽、大型购物中心、政务中心等有集中停车需求的大型场所而言，随着车流量逐步加大，如果没有对应的解决方案，公众出行体验将受到极大影响。当信息化改造仍不足以解决停车难问题时，越来越多的企业和机构意识到，智能化的停车管理能力建设已成为必然。如何帮助用户提高停车效率、精准到达目的地，成为百度地图发力的重点之一。

### 行动方案

为解决城市停车难，百度地图推出了"智能空间综合解决方案"，依托百度领先的人工智能技术，运用人工智能、大数据和云计算等技术，打造了贯穿停车和室内空间场景全流程的智能体验，将该综合解决方案相继落地于购物中心、车站机场、城市路侧、高速服务区、医院等各类跨空间场景，提供车位预约、自动分配并导航到车位、自动记录车位、室内 AR 步行导航到店、反向寻车导航、一键缴费等服务，极大地减少了市民停车耗时，不仅高效提升了停车和空间管理的数字化水平，更助推着城市交通的可持续发展，让市民出行更便捷。

百度地图智能空间解决方案广泛应用于城市路侧、商场、交通枢纽、医院、园区等空间，已在宁阳高速、上海南翔印象城等落地实践，在为用户带来高效、便捷、智能服务的同时，也加速了各地智能城市的发展进程。

## 案例 1：宁阳高速

高速公路服务区被誉为散落在高速经济"黄金走廊"上的璀璨明珠，拥有休憩服务、产业载体、城市名片等多重功能，是高速公路公共服务的窗口、路衍经济交旅融合的载体、区域城市对外开放的形象。截至 2021 年 4 月，我国高速公路总里程突破了 16 万千米大关，服务区平均每 50 千米设置一处，目前国内的服务区总量大约为 3200 个。随着国家高速公路网主线的基本建成，服务区建设从以增量建设为重点逐步转向存量运营阶段，借助物联网、大数据、云计算、人工智能等技术，为构筑高速公路服务区信息化体系提供智慧化服务。针对高速服务区的摄像监管、智慧公厕、收银系统、能源利用统计等需求已经有较成熟的软硬件方案，但尚未出现基于国民级 App 的智能导航应用与运营智慧决策解决方案。

基于高速服务区场景的可规模复制与拓展性，除了"停车引导服务"这一核心能力，百度地图针对此场景持续推动创新，通过行业研究、客户沟通、专家访谈等方式，已于业内独家升级推出了"百度地图高速服务区解决方案"。

由山东高速集团有限公司和中国建筑第八工程局有限公司共同投资建设的山东宁阳至梁山段高速公路于 2020 年 10 月 31 日建成通车。该段连接济宁与泰安两市，全长约 110 千米，宁阳高速服务区是山东省首条智慧高速（由山东高速集团投资建设的济青中线潍坊至青岛段高速公路工程）的样板试点。此次建设的宁阳高速服务区分为东、西两部分（一对），车位共 436 个，现场车位布设了地磁感应器，可以识别停车位是被占用还是空闲的状态。项目建成后，可作为标杆辐射带动后续山东省的 100 多个服务区项目。宁阳服务区项目是百度地图开拓"高速服务区停车场景"的首个标杆项目。

百度地图针对高速服务区场景创新打造"停车引导"服务，在行业首创不同类型车位的精细化分类展示和服务区内部的车位精准引导模式，帮助车主实现快速出入场，在很大程度上提高了服务区运营的社会价值和经济价值。

"停车引导"服务主要有两个功能：①车位级停车导航：用户可在地图 App 中点选空闲车位，一键发起导航，直接被引导至空闲停车位，实现快速停车，可以提升用户停车效率和停车场运营管理水平。②服务区分区导航：用户抵达服务区入口时，导航会提醒用户对停靠的目的地进行选择：加油站、充电站、卫生间、休息区或其他（不选择 / 取消）。根据所选目的地，可为用户自动分配空闲车位，开启内部区域精细化导航，如停车位实时引导、充电车位实时引导、加油站引导等。

## 案例 2：上海南翔印象城 MEGA

在 2020 年 9 月 15 日召开的百度世界大会上，百度地图重点展现了与"万科印力上海"联手共建的业内首个"智能停车购物中心"——上海南翔印象城 MEGA，以智能商场解决方案的优秀落地实践，为优化"有车一族"出行体验、提升商圈和城市的停车管理效率树立了行业新标杆。

在上海南翔印象城 MEGA，得益于百度地图提供的智能商场解决方案，除了可实现车位预约、入场自动分配、自动记录车位、反向寻车导航、一键缴费等智能停车功能外，

室内外一体化导航　　商场内步行导航　　停车位预约　　自动记录停车位置　　反向寻车

"室外 + 停车 + 室内"一体化导航

其室内导航、AR 步行导航功能还可为用户提供商铺引导的智能体验，实现了"停车 + 场景""室内空间"整体体验优化，打造了集智能停车与商场导航于一体的智能停车系统。

该系统由停车场信息发布、停车引导、停车服务与智能停车场、智能停车管理平台四大模块构成，通过对购物、停车全流程软硬件及数据中心的信息融通，实现了车位预约、入场自动分配、自动记录车位、室内导航到店、AR 步行导航、反向寻车导航、一键缴费等智能化能力。用户在南翔印象城 MEGA 购物时，用百度地图搜索想去的店铺并开启导航，即可在"室内导航到店"功能的引导下顺利抵达目的地。此外，AR 室内步行导航的实景定位，也可帮助用户在复杂的室内布局中更直观地找到心仪商铺。百度地图线上线下一体化的智能服务，不仅为用户提供了智能购物体验，还辅助商场提升了数字化管理水平，有效地解决了商圈附近的停车难题，提升了城市静态交通效率。

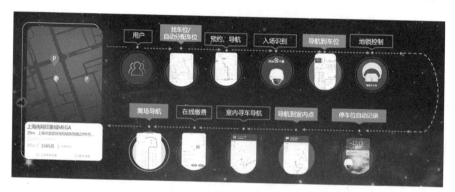

室内外一体化导航停车解决方案

## 多重价值

百度地图实现了停车数据中心及智能停车软硬件服务系统之间的信息联通，通过人工智能、大数据、云计算等技术的运用打造了贯穿停车场景全流程的智能体验。可以看到，这种能力不仅可以赋能商业版图扩张，还可以为人们出行带来便利。目前，百度地图智能空间综合解决方案除了应用到商场，与上海南翔印象城合作打造业内首个具备"跨空间一体化导航"能力的智能停车场外，还应用到了城市，与银川政府共建全国首个城市级智能停车系统。

由此可见，百度地图的智能停车解决方案也在逐步"进化"成一种更加多元的形态——智能空间综合解决方案。从上海南翔、宁阳高速案例可以看出，出行场景中的停车往往是最基础的服务,它与特定场景联动,形成"停车+场景"的室内空间一体化服务,大型商业地产、交通枢纽更是如此。上海南翔是通过智能化服务实现"停车+场景室内空间"整体体验优化的典型案例,"停车+购物"得以整合,而几乎所有大型出行场景下的停车行业,在车辆急速增长、场景服务供给越发丰富的趋势下都将面临类似的需求——要解决室内空间"最后一公里"问题。在精细化管理的今天,只解决停车问题不等于解决了对交易转化或服务体验至关重要的"最后一公里"问题,从停车场延伸到室内空间成为必然趋势。

无论是聚焦于停车行业的智能停车解决方案,还是关注企业或机构整体发展的智能空间城市解决方案,从根本上都是交通出行领域的一种创新探索与落地实践,是城市管理与服务水平的提升在出行领域的反映。只有当越来越多的室内空间与室外空间联动,公众获得更优质、更流畅的优质出行体验后,一个城市在交通出行方面的建设才会趋向完善,智慧城市才能真正落到实处。

### 未来展望

百度地图智能空间解决方案不局限于停车应用场景,而是正在逐步构建面向公共空间整体智能化建设的综合解决方案,未来将更大范围地应用到商业地产、医院、园区、智慧城市等空间的智能化建设,加速全国城市的交通数智化进程。

作为领先的智能化位置服务平台,百度地图正持续释放新基建数字底座的优势,将线下服务与线上通道相融合,不断落地应用智能空间综合解决方案,为国民出行体验和城市交通建设贡献智慧与方案。百度地图也期待与更多生态伙伴携手共同打造可持续交通,让老百姓的出行更加便捷、安全、绿色、美好,并在向世界提供可持续交通的中国方案。

## 三、专家点评

随着我国社会经济的发展进步和人民生活水平的不断提高,城市停车难问题日益凸显,不仅对人们出行产生了极大影响,也严重影响了城市公共空间资源的合理利用。百度地图利用领先的人工智能、大数据和云计算等技术,打造并推出了"智能空间综合解决方案",在让人们出行"不再闹心"的同时,也提升了空间管理的数字化水平,加速了智能城市的建设进程,是利用企业拥有的专业优势和技术资源,将发展自身业务与解决社会发展瓶颈问题完美结合的样板。

**——金钥匙总教练、清华大学苏世民书院副院长、清华大学绿色经济与可持续发展研究中心主任　钱小军**

**美好出行**

### 国网天津城南供电公司
# e 路无忧，
# 让新能源汽车在城市跑起来

## 一、基本情况

### 公司简介

国网天津城南供电公司成立于 2007 年，隶属于国网天津市电力公司，致力于为天津经济社会发展提供清洁低碳、安全高效的电力能源供应。国网天津城南供电公司主要负责和平、河西、津南三个区的配电网运营和用电服务，服务范围 472 平方千米，服务人口 208 万，服务顾客 104.79 万户。区域内现有 110 千伏线路 28 条，35 千伏线路 33 条；110 千伏变电站 16 座，35 千伏变电站 37 座，开关站 5 座；10 千伏配电站房 7336 座（其中配电自动化站点 1594 座）。全域配电电缆化率为 80%，市区配电电缆化率为 96%，绝缘化率为 100%，配电自动化率为 100%，终端在线率为 96%，2020 年可靠性指标为 99.9952%，2020 年电压合格率为 99.998%。

国网天津城南供电公司秉承为美好生活充电的使命，以更可靠的电力和更优质的服务，持续地为客户创造最大价值，助力经济社会发展和人民美好生活。近年来，在全体职工的共同努力下，国网天津城南供电公司先后荣获全国文明单位、国网公司文明单位、天津市五一劳动奖状等荣誉称号。连续多年获评国网天津电力同行业对标标杆单位，企业负责人业绩考核连续 9 年保持 A 级。未来，国网天津城南供电公司将充分发挥管理基础和队伍建设优势，争当城市能源互联网建设的"落地先锋"，争当智能配网实用化建设的"示范标杆"，争当新时代人才队伍建设的"输出高地"。

近年来，国网天津城南供电公司结合联合国 2030 可持续发展目标，识别出符合自身业务实际的可持续发展目标，并采取针对性措施，携手利益相关方，共同为解决天津市可持续发展难题贡献力量，并提升自身的综合价值创造力。在实际工作中，通过将可持续发展、社会责任的理念融入决策、管理与行动，发挥自身专业优势着力打造可持续发展示范项目，逐步提升在可持续发展领域的整体行动力，助力 SDGs 目标的实现。

## 行动概要

当前新能源汽车发展面临车主找充电桩难、运营商盈利难、政府监管难等困境，国网天津城南供电公司针对这一难题，组建精锐青年骨干，结合国网智慧车联网平台优势，开展问题分析、技术研讨、模型搭建等工作，同时积极向天津市发展和改革委等政府部门汇报技术方案。2020 年 6 月，在天津市发展和改革委授函邀请下，国网天津城南供电公司投资 800 余万元全面开展平台建设工作，并于 2021 年 6 月建成了天津市新能源汽车充电设施综合服务平台，在天津构建了全国首个"车—桩—路—网"全领域贯通的应用场

津门湖新能源车综合服务中心

景，为车主、充电桩运营商、新能源车厂商、政府、电网提供实时交互信息。具体包括为车主提供多快好省的充电选择，为充电桩运营商提供充电站建站投资预测和精益化运维方案，为新能源车厂商提供技术消缺与革新建议，为政府提供行业监管辅助，为电网提供动态可调的需求侧管理资源，构建多方共赢的运营模式，有力推动新能源产业健康发展，让新能源汽车在城市跑起来，也让城市交通更加低碳、绿色，为城市可持续发展做出贡献。

## 二、案例主体内容

### 背景／问题

在我国"碳达峰、碳中和"愿景下，新能源汽车产业将进入高速发展阶段，新能源汽车充电需求日益增大，充电桩市场将迎来前所未有的发展机遇。据中国电动汽车充电基础设施促进联盟统计，截至 2021 年 4 月，全国充电基础设施累计数量为 182.7 万台，同比增长 42.0%。据工业和信息化部预测，2030 年我国新能源汽车保有量将达 6420 万辆。根据车桩比 4∶1 的建设目标，未来十年，我国充电桩建设预计存在约 1422 万的缺口。

近几年，天津市的充电设施数量持续增长，但设施布局不合理的情况仍然存在。充电桩市场存在运营商盲目涌入、充电桩布局混乱的情况，部分地区大量充电桩长期闲置，而充电需求高的片区却供不应求，加之政府缺少对充电桩补贴发放的数据化监管手段，导致天津市新能源汽车发展受阻。国网天津城南供电公司通过问卷调查发现，天津市每天至少有 2000 名新能源车主因为信息不准奔波于多个充电站之间；公共充电桩闲置率高达 70%，导致目前市面上 35 家充电桩运营商仅有 1 家勉强达到盈亏平衡；近两年，充电桩建设补贴骗补金额高达 400 万元。总体而言，天津市充电桩与电动车供需严重不平衡，造成了新能源车主找充电桩难、运营商盈利难、政府监管难的困境。

### 行动方案

针对天津市新能源汽车发展难题，为了全力支撑天津市新能源汽车及相关产业的发展，国网天津城南供电公司建立了天津市新能源汽车充电设施综合服务平台，基于"车—桩—路—网"数据贯通及融合应用，为车主、充电桩运营商、新能源车厂商、政府、电网提供实时交互信息，具备补贴统计、运营分析、运行监控、推广接入四大板块及充电趋势分析、运行状态分析、充电设施接入排行等 17 项功能，配套搭载门户网站及 App，构建多方共赢运营模式。

**（1）关键技术突破，构建全领域贯通应用场景平台。**首次实现"车—桩—路—网"多源数据融合，采用实时并行计算技术，在保证安全性的同时，大幅提升数据算力；采用列式数据存储方式，对海量数据进行实时并行计算，实现有用信息的采集、储存、综合。首创国际领先的"车—桩—路—网"时空规划模型，面向充电需求预测与调度管理的数据交互要求，建立考虑车主个性化需求、运营商收益、交通拥堵系数、配电网约束的非完全信息博弈模型；采用人工智能多目标在线学习方法，实现车主、运营商、新能源车厂商、政府、电网五方画像，为各方决策提供信息支撑。

**（2）运营模式突破，构建首个"车—桩—路—网"全领域信息融合平台。**用数据串联政府、运营商、车主，构建多维商业应用场景，形成能源价值"一张网"。

**打造车主的贴心助手。**打破各运营商 App 壁垒，避免多软件切换的烦琐操作，实现一键找桩；为用户提供省时、省钱、便捷的充电服务，实时获取各类充电优惠信息，满足用户充电的多样性需求。

**打造运营商的智能参谋。**通过充电量预测分析，为新建的充电桩提供科学精准的选址建议，降低闲置充电桩数量，推进充电桩投资合理化；提供精益化运维方案，合理降低充电桩检测费用及人力运维成本；制定"千人千面"营销策略，应用人工智能和大数据分析手段识别目标消费者，通过手机 App 推荐适宜充电站以及充电优惠券精准投放等引流手段，大幅提高充电桩的利用率。

**打造政府的得力管家。**项目平台能够促进政策从建设补贴到运营补贴转型，建立精准补贴机制，并对所有运营商统一集中管理，杜绝市场恶性竞争；加速充电桩统一规划和科学合理布局，为城市新能源民生工程建设提供科学保障，形成共建共享、互联互通的

津门湖新能源车综合服务中心新能源汽车展销中心

坐落于津门湖新能源车综合服务中心的充电桩群

天津市新能源汽车充电设施综合服务平台

全市充电"一张网"。

**(3) 价值创造突破，构建强大负荷调节及新能源消纳平台。**从电网的角度来看，电动汽车就像一个巨大的"电力海绵"，一方面，电动汽车充电时间有弹性、行为可引导、规律可预测，具有很强的负荷调节特性。另一方面，随着 V2G 技术的广泛应用，电动汽车还可以向电网反向送电，具有可调度储能的潜力。将平台打造成全新的负荷聚合商，通过签署协议、政策发布等形式引导车主主动参与电网需求响应和辅助调峰。同时，平台打通与电力交易平台融合通道，引导大规模电动汽车充电负荷参与中长期"绿电"交易，提升新能源消纳能力。

## 多重价值

2021 年 7 月 30 日，天津市新能源汽车充电设施综合服务平台已在天津津门湖新能源车综合服务中心正式启用，全市充电桩运营商均已入驻，覆盖新能源汽车 20 万辆，截至 2021 年 8 月底，日充电量最高达 1.1 万千瓦·时，日均服务 319 车次，两项指标在天津市公共充电站中均排名第一。

**为公司创造全新利润增长点。**通过天津市新能源汽车充电设施综合服务平台向用户发送电力需求响应邀约，根据价格激励机制，促使用户在低谷时段充电，

国网天津城南公司工作人员为新能源车主讲解充电桩使用方法

预计将产生 451 万元的经济效益，减少电网投资 5.7 亿元；平台运营能够带来用户增值服务费、运营商服务费、政府平台运维费、App 端广告推广费等多项经济效益。以天津市规模估计，预计可产生年收益 4530 万元。

**促进社会问题有效解决。**依托天津市新能源汽车充电设施综合服务平台，车主找桩充电时间缩短 25%，充电满意率提高 50%，同时参与电网需求响应，享受价格优惠；天津市共有 35 家充电桩运营商，按照充电桩投资及运维成本节约 20% 估算，能减少充电桩运营商无序投资 308 万元 / 年，节约运维成本 1000 万元 / 年；新能源车厂商可以获取本品牌不同车型的车桩匹配度，包括在充电过程中存在充电异常停止、充电功率不稳定等问题，统计各车型的车辆故障率，针对出现的充电问题开展技术消缺与革新；政府减少大规模地对运营商所建充电桩的二次审核工作，减少充电桩骗补行为，预计产生经济效益 150 万元 / 年。

**助力城市低碳发展。**天津市新能源汽车充电设施综合服务平台能有效提升新能源消纳能力，助力天津市低碳交通的发展。以天津津门湖新能源车综合服务中心为例，依托平台，累计充电电量预将达到 400 万千瓦·时，充电服务 20 万次，服务电动汽车超过 15 万辆，提升社会整体充电量达 10%，预计当年减少二氧化碳排放约 2900 吨，并逐年减排二氧化碳排放 5% ～ 10%。构建华北电力 90000 千瓦以上充电可调节负荷资源，参与中长期"绿电"交易，电量可达 7200 万千瓦·时。

## 未来展望

天津市新能源汽车充电设施综合服务平台将开展数据深化应用，为政府提供稳定的监管服务，在天津市充电桩运营商全部入驻的基础上向尚未布局的监管平台的城市推广，形成数据贯通及融合应用的推广方案，做平台的搭建者、维护者、推广者。随着我国 2030 年碳达峰目标的实现，天津市新能源汽车充电设施综合服务平台将为天津市新能源产业良性发展提供更大助力。

基于天津市新能源汽车充电设施综合服务平台，目前国网天津城南供电公司建立的"车—桩—路—网"多元数据融合技术与时空规划模型已趋于成熟，数据融合性高，应用场景多元，具备示范领先性，有望在全国多个省市推广，助力新能源汽车快速健康发展。新能源汽车充电设施综合服务平台在推进过程中，需要开展与电网应用系统的数据接入工作。在后期推广中，需要接入国家电网各网省公司的电网数据、各省市政府的政务平台数据，并依托媒体推广宣传，寻求资源协调支持。

**利益相关方评价**

### 企业

平台为我们提供选址、建站、定价、运营的一体化闭环式咨询服务，解决运营决策选址难、建站定价难、后期运营难的问题，能切实提升建设效益和运营质效。

——星星充电

### 社会

通过平台，可以享受到最省时间、最少花钱或最近距离的充电服务，充电更方便了，同时还有各类充电优惠信息，充电也更便宜了。

——蔚来电动汽车车主　刘先生

在全国低碳日播发相关报道——天津市新能源汽车充电设施综合服务平台投入使用，通过大数据的收集，统筹管理全天津市的新能源车辆使用情况。

——中央电视台新闻直播间

## 三、专家点评

该行动很好地诠释了企业如何通过将可持续发展、社会责任的理念融入决策、管理与行动，从系统和生态的角度来看待与不同利益相关方的关系，进而主动发挥自身专业优势、携手利益相关方解决社会痛点问题，并实现多方共赢和综合价值创造的可持续商业模式，具有良好的示范效应和应用前景。

针对现实中新能源车存在充电难而大量充电桩闲置、运营商盲目涌入却盈利难、政府投入不少却监管难的困境，国网天津城南供电公司积极突破企业传统业务边界，在能源互联网的新兴业态下，基于可持续发展的理念将企业定位为可持续价值创造的系统整合者，对政府、运营商、消费者、新能源车厂商、电网等利益相关方各自所面临的问题进行综合集成分析，创新性地开展了基于"车—桩—路—网"多源数据融合和全领域信息融合的业务平台，很好地展现了"创造共享价值"的可持续商业模式。

——西交利物浦大学国际商学院副教授　曹瑄玮

中国圣牧有机奶业有限公司
# 把"黄色沙漠"变成"绿洲银行"

## 一、基本情况

### 公司简介

中国圣牧有机奶业有限公司（以下简称中国圣牧）始终以"提供全球最高品质沙漠有机奶"为使命，十余年来在乌兰布和沙漠腹地打造有机沙草种植、有机奶牛养殖、有机牛奶加工的完整有机生态治沙产业体系。中国圣牧共运营 32 座牧场，其中 18 座为有机牧场，4 座为原生DHA 牧场，10 座为常规牧场。现有 9 座牧场入选了"现代奶业定级评价奶牛场"名单，5 座牧场通过了 GAP 认证，居行业领先地位。

中国圣牧既是联合国全球契约组织成员企业，也是国际有机农业联盟（IFOAM）完全会员，是中国奶牛养殖行业在国际有机农业联盟和国际有机农业亚洲联盟中第一个拥有投票权的会员。中国圣牧的有机奶业实践案例入选了联合国全球契约《企业碳中和路径图》、世界经济论坛《新自然经济系列报告》等研究报告，受到多方好评。

中国圣牧始终秉持"年轻、开放、变革、可持续、共发展"的发展观，将可持续发展理念融入企业运营与战略中，坚持向可持续的新型奶业公司升级，以商业向善撬动社会改变，实现可持续发展承诺，与利益相关方携手推动畜牧行业乃至全球可持续发展进程。

### 行动概要

沙漠治理是公认的世界难题。中国圣牧通过种植治沙植物和牧草饲养奶牛，使奶牛粪污以有机肥方式回归土壤，再通过扩大养殖规模来扩大种植面积，首创"种、养、加"一体化沙漠有机循环产业链，形成了完整的有机生态治沙产业体系，打造出有机好奶，将原来人迹罕至的沙漠变成了"绿色花园"，为世界贡献了治沙新模式，成为荒漠治理与循环经济相结合的优秀范例。

# 二、案例主体内容

## 背景 / 问题

当今世界面临诸多问题，气候变化、土地退化、生物多样性丧失等问题越发突出，与之相关的畜牧行业也面临一系列挑战和困境。其中最典型的问题是畜牧行业温室气体排放量大。2013 年联合国粮食及农业组织发布的《通过畜牧行业解决气候变化问题：排放与减排机遇全球评估》显示，与畜牧行业供应链相关的温室气体年排放量总计 71 亿吨二氧化碳当量，占人类造成温室气体排放总量的 14.5%，其中，饲养牛羊等大型反刍动物产生的温室气体占绝大部分。

此外，畜牧行业在我国仍然属于低效产业，动物将饲料营养转化为畜产品的过程中，仍有很多摄入养分未吸收而被排放到环境中，对土壤、空气、水源造成巨大污染。推动畜牧业转型发展，既是当今时代的要求，也蕴藏着重大的发展机遇。

中国圣牧作为畜牧行业的代表，在全球应对气候变化、推进可持续发展的进程中，开始探索减少碳排放、自然资源可持续利用的路径和方法，引领行业低碳转型，实现可持续发展。中国圣牧发现，中国八大沙漠之一的乌兰布和沙漠，尽管干旱少雨、风沙灾害严重、土地贫瘠，但却地处北纬 40°黄金奶源带。面对沙漠治理难题，结合自身开创低碳、循环有机奶业新模式的目标方向，中国圣牧选择扎根乌兰布和，用实际行动探索沙漠治理协同畜牧行业绿色低碳、可持续发展转型的新途径。

## 行动方案

中国圣牧在乌兰布和沙漠持续探索有机奶业新模式，将可持续发展理念融入产品的全生命周期：从种植有机牧草，到饲养奶牛，最后将粪污还田。结合实际情况，中国圣牧对标国际畜牧行业及沙漠治理的先进做法，在生产加工的全过程充分践行可持续发展理念，致力于通过产业治沙，防止土地荒漠化，恢复退化的土地，维持生态多样性，对抗气候变化带来的恶劣影响。

中国圣牧积极响应 17 项联合国可持续发展目标，将可持续发展理念镌刻在中国圣牧的 DNA 中。在公司治理方面，中国圣牧董事会设立了可持续发展与战略委员会，将可持续发展战略纳入公司日常管理，为公司可持续发展战略、项目实施提供组织保障；设立可持续发展部门，监督、协调可持续发展工作的落地实施，全方位、多渠道披露可持续发展工作进程。在公司运营方面，中国圣牧不断加强优质原奶建设，从原料到产品层层把关，推进数字化智慧牧场建设，打造生态有机产业链。在履行环境责任方面，中国圣牧坚持可持续发展理念，将环境责任贯彻到生产、运营和有机产业的方方面面，积极探索畜牧企业的绿色低碳升级和行业可持续发展新路径。

**第一，坚持可持续运营。**中国圣牧坚持可持续运营模式，秉承"创建全球有机奶第一品牌"愿景，以"提供全球最高品质沙漠有机奶"为使命，提供优质原奶，推动畜牧行业可持续发展。中国圣牧将奶源地限定为北纬 40°黄金奶源带的乌兰布和沙漠。乌兰布和沙漠虽名为沙漠但千年之前却是黄河故道，沙层下埋藏着厚达十几米的红胶泥层，有良好的涵水保肥能力；沙漠上分布着大小 200 余个湖泊，为引水灌溉提供了良好的条件；同时，沙漠日照充足、昼夜温差大，有利于草料作物的生长。因此，中国圣牧自建有机草场，种植有机牧草，过程管理、产品处理严格遵循有机标准要求，无农药、无化肥；草场搭配种植苜蓿、玉米、油葵等，为奶牛提供营养充分、配比适宜的有机饲料。

**第二，坚持高保障养殖。**中国圣牧在乌兰布和沙漠腹地修建了 18 座有机牧场，饲养了近 10 万头有机奶牛，为其提供有机饲料和矿物质水，保证饮食、饮水、用药无激素、无

中国圣牧有机牧场

抗生素。为了提高动物福利，中国圣牧不仅为旗下所有牧场配备运动场、沙垫、风扇、牛体刷、御寒服、防风栏、照明设备、喷淋系统等，保障奶牛良好的生存环境，还为奶牛配备专业营养师、保健医生等保障团队，保障奶牛产奶全程健康舒适。

**第三，创新产业治沙新模式。**多年来，中国圣牧秉持"绿水青山就是金山银山"的理念，推进乌兰布和沙漠综合治理，以产业治沙的决心，保障生物多样性，改善当地环境，促进巴彦淖尔黄河流域的生态保护和高品质发展，实现经济效益和生态效益齐头并进。自2009年以来，中国圣牧在乌兰布和沙漠累计投入超75亿元，基于"低覆盖度治沙理论"

乌兰布和沙漠中的喷灌圈

自走式喷灌机

收割场景

开展产业治沙和区域小气候改善行动。截至 2020 年 12 月 31 日,中国圣牧在乌兰布和沙漠种植了 9700 万株各类树木,坚持"种养结合,有机循环",采用旱生乔木、沙生灌木、多年生牧草相结合的治沙思路,构建"乔、灌、草"结合的立体生态防护,绿化沙漠 200 多平方千米,拥有有机草场 22 万亩,将"黄色沙漠"变"绿洲银行",构筑起沙漠中的有机生态圈。

**第四,提升资源可持续化利用率,减少碳排放。**中国圣牧以"种养结合"的指导思想,实现了资源的高效、合理、可持续化利用,推进了循环经济养殖,推动了生态文明建设。按照"三亩田养一头牛,一头牛还三亩田"的方式,根据实际情况制定肥水还田排期,依照土地最大承载能力,无害化还田;将奶牛养殖过程中产生的粪污自然分解,然后回收再利用分解过程中产生的甲烷,奶牛粪污腐熟发酵后将其制成有机肥还田;改造堆肥场,采用"工"字钢结构使堆肥场兼具透明通风与防雨的效果,大大缩短了有机肥的腐熟发酵周期;依托先进技术精准施肥,大大提升了有机肥的利用效率。在发展过程中,中国圣牧始终坚持以生态优先和绿色发展为导向,在生产过程中使用绿色能源代替化石能源。目前,中国圣牧旗下牧场已将传统锅炉全部更换为空气源热泵,此举显著降低了 $CO_2$、$SO_2$、$NO_x$ 等温室气体排放。

## 多重价值

据中国林业科学研究院沙漠林业实验中心(沙漠林业中心)统计,乌兰布和沙漠治理已初见成效:沙漠辐射量较 20 世纪 80 年代减少了 40%~45%,沙尘量减少了 80%~90%;同时,当地气候显著改善,平均风速减少了 21.41%,降水量增加了 30.36%,

甚至出现了降雪的情况。据沙漠林业中心估算，乌兰布和沙漠每年流入黄河的沙量将减少30万吨，在未来30年，圣牧人栽种的防护林可固碳110万吨。

包容性与多元化是中国圣牧企业文化的重要内涵，中国圣牧始终坚持以人为本，坚信员工才是企业最宝贵的财富。中国圣牧一直努力建设"人人包容"的工作环境，对不同民族、不同性别、不同背景的员工一视同仁；中国圣牧通过创新治沙产业实践，已经为超过1000名少数民族同胞提供了工作岗位，消除了可能阻碍少数民族群众职业发展的障碍，带动周围农牧民共同富裕。

中国圣牧开创的沙草产业与有机奶业相结合的模式，通过有机种植、有机养殖、有机加工，做到了资源在沙漠内自给、在沙漠内循环，打造了沙漠有机生态区，不仅开启了人类对沙漠自然资源开发的大胆尝试，同时为全球荒漠化治理提供了新思路、开辟了新路径。

中国圣牧深耕乌兰布和沙漠多年，受到了多方关注，收获了社会各界一致好评。2021年1月，中国圣牧正式成为联合国全球契约组织（UNGC）成员企业。2021年7月，中国圣牧案例被收入联合国全球契约《企业碳中和路径图》。2021年8月，中国圣牧正式成为国际有机农业联盟完全会员。2022年1月，中国圣牧在"金钥匙——面向SDG的中国行动"新自然经济类别的竞赛中荣获冠军奖。2022年1月，中国圣牧案例被收入世界经济论坛《新自然经济系列报告》。

## 未来展望

中国圣牧将持续优化"种、养、加"一体化沙漠有机循环产业链，持续为可持续发展贡献力量。在信息披露方面：继续加强信息披露，以全透明运营模式推动可持续发展，回应联合国可持续发展目标；定期编制、发布企业ESG报告；披露可持续发展进展，就公司的社会责任理念、工作举措、绩效与各利益相关方进行沟通。在加大规划方面：中国圣牧将继续通过商业力量撬动社会向善；为与巴黎气候协定一致的承诺继续努力；继续落实相关可持续发展实践，量化公司内可持续发展标准，积极探索"零碳牧场"，积极推进"零碳原奶"。在推进企业社会责任方面：提升社会责任感，注重社会责任表达形式和内容社会化；加强企业文化、社会责任宣贯；开掘多样化社会沟通渠道，赢得社会对公司可持续发展理念的支持与认可，助力社会经济与环境效益齐头并进，推动社会可持续发展进程。

# 三、专家点评

中国圣牧进驻沙漠十余年，通过"种好草，养好牛，产好奶"探索出了一条沙漠有机循环产业链，打造了世界首个沙漠有机奶品牌，既助力了沙漠治理又促进了动物福利，进而生产出品质有机奶，是实现人与自然和谐共生的商业典范。

**——责扬天下（北京）管理顾问有限公司总裁　陈伟征**

**无废世界**

## 国网宁波市鄞州区供电公司
# 电力闲鱼，让闲置的资源游动起来

## 一、基本情况

### 公司简介

国网宁波市鄞州区供电公司担负着鄞州区的供电、运行和检修任务，下设 10 个职能部室、3 个业务支撑和实施单位、6 个供电所，共有员工 945 人。鄞州区境内有 500 千伏变电站 1 座、220 千伏变电站 9 座、110 千伏变电站 44 座、35 千伏公用变 2 座；10 千伏开关站和配电室 4040 座，10 千伏线路 991 条 6003 千米，其中纯电缆线路 574 条，包括混合线路在内的 10 千伏电缆共 4417 千米。辖区内共有电力用户 83.76 万户，其中高压用户 6594 户，台区 8336 个。2021 年全社会用电量 106 亿千瓦·时，全社会最高负荷 234 万千瓦，再创历史新高。

### 行动概要

"电力闲鱼，让闲置的资源游动起来"项目打破以往闲置电力设备市场各主体各自为营的局限，创建闲置电力设备"闲鱼"新模式，唤醒了沉睡资源。项目实施后，各个利益相关方的优势都得以发挥，诉求都获得了满足，提高了闲置电力设备再利用效率，节约了社会整体资源。项目"探寻搁浅原因—厘清流动路径—搭建网络平台—规范管理运营—拓展服务界面"的思路可借鉴、推广到国网系统内部其他地市公司或其他行业，构建适用于企业和行业自身特点的设备贡献租赁模式，在更广范围内唤醒闲置资源。

## 二、案例主体内容

### 背景／问题

随着宁波经济社会发展水平的不断提高，工商业、新型农业发展迅速，对电力设备需求巨大，但使用后的电力设备往往面临闲置，这不仅给设备拥有方带来了存储难题，还存在一定的被盗和损坏风险。同时，需要电力设备的用户一般通过购买全新电力设备或购买社会二手电力设备满足需求，面临着投入成本高，退役设备存储难、维护难、再利用难等问题，不合格的二手电力设备还可能给用户的用电安全、电网安全、生态环境带来危害。闲置电力设备的拥有方与需求方的信息不对称导致电力设备成为"闲鱼"，难以游动。对此，鄞州区供电公司导入社会责任理念，梳理利益相关方的核心诉求，整合利益相关方优势资源，共建闲置电力设备共享网络平台，打造闲置电力设备共享"闲鱼"模式，通过设备集约管理和信息精准对接，实现闲置电力设备资源"再游动"和利益相关方合作共赢，将"唤醒的资源是最好的资源"发展理念落到实处，助力实现"双碳"目标，促进社会资源的可持续发展。

为甬金铁路工程项目提供定制化箱式变压器租赁方案，助力"海上丝绸之路"建设

### 行动方案

#### 清淤泥：掌握供需信息，完善"用户画像"

梳理供需信息、掌握实际情况是疏通闲置电力设备资源"淤塞"的前提。针对闲置电力设备市场长久以来存在的供需连接不畅问题，即闲置电力设备拥有方难以获得租赁需求，有电力设备租赁需要的用户又难以找到有质量保障的设备资源，鄞州区供电公司主动收集闲置电力设备信息和用户的租赁需求信息，完善供需"用户画像"，实现信息上网和云端数据实时更新，为后续提供专业化电力设备共享租赁解决方案、畅通资源流通渠道奠定了充分的信息基础。

### 广疏浚：清晰共享流程，畅通资源"河道"

鄞州区供电公司总结以往的供电服务经验，邀请利益相关方共同研讨，从闲置设备拥有方和需求方两个主体出发，总结出一套适用于平台进行设备共享的通用流程，明确供需双方共享路径，在多方参与的基础上设置专岗专人、履行专职专责，畅通资源流通的"活水河道"，为设备共享工作效率提升、平台搭建、全流程管理奠定了基础。

### 建"鱼塘"：搭建网络平台，明确标准规范

**搭建网络平台。**基于各方对设备共享租赁的诉求以及清晰的设备共享流程，鄞州区供电公司搭建起汇集闲置电力设备信息的"鱼塘"——闲置电力设备共享网络平台。设备拥有方在短期内无电力设备使用需求时，可选择将闲置电力设备放上平台进行租赁。具有租赁需求的用户可在平台上浏览设备详细信息，完成设备租赁签约、支付等流程，也可以在平台上发布求租信息，由客户经理联络拥有方后签订租赁合同。平台信息发布方便，操作程序简单，设置设备拥有方、租赁方、监控方三个界面，对用户和授权租赁的设备供应方开放平台，各利益相关方可对平台全流程实现共同维护和监督，实现公开透明、可以追溯、多方共建，让平台真正成为闲置电力设备的信息共享和服务集合点。

**明确质量标准。**确保共享电力设备质量并实现稳定运行，是平台和模式持续稳定运行的重要前提。由于电力设备具有长时间闲置容易损坏、多次使用会造成自然损耗等属性，平台严把电力设备质量关，明确"鱼仓"质量标准，在设备上架前主动出具专业检测机构的检测报告、出厂合格报告等资质文件，确保设备各项指标符合入网标准。

**明确服务规范。**平台依托供电公司电力服务专业优势，针对自制设备或与公司有战略合作的厂商设备，为用户提供"包邮"服务，即免费将设备运输至用户现场。平台还提供"租后保障"服务，即在租赁后向用户提供安全使用与维护建议等租后增值服务，确保用户便捷、安全用电。此外，定期对用户进行租后满意度调研，获取各方对平台服务的反馈建议，以此为依据进一步完善平台和标准，并对在租后服务中表现不佳的设备租赁方和拥有方进行规范管理，如限制其设备再次上架。

### 引活水：拓展"鱼仓"模块，打造履责样板

**活化服务模块。**闲置电力设备共享网络平台秉持灵活、可延展的思路，可依据经济社会发展情况和闲置设备市场供需情况，以模块化接入多种类别的电力设备和个性化电力服务内容，使平台满足不同场景下的特定需求，适配多元化服务场景，促进平台价值的最大化发挥和平台的可持续运营，让更多闲置电力设备资源在更广范围内"游动"起来。例如平台起初仅提供变压器共享租赁服务，依据实际情况接入了发电机共享信息服务，共享发电机已广泛应用于丰收时期的关键临时用电，有效避免了突发主线故障停电而导致大量损失。2019年8月起，在鄞州等部分区域开始设备共享租赁服务试点，现已拓展至宁波全市。2021年2月，与鄞州区国有资产发展服务中心签订箱变租赁战略合作协议，计划将80余台闲置变压器存入平台，安全、高效的租赁服务再加上国资委等政府部门的大力支持，多方活水齐注入，最后形成了参与主体越来越多、获益方越来越多的共赢局面。闲置电力设备共享网络平台多场景共享租赁模式如表1所示。

表1 闲置电力设备共享网络平台多场景共享租赁模式

| 模式类型 | 内容 | 模式优势 |
|---|---|---|
| "自营旗舰店"模式 | 供电公司自有设备、供电公司战略合作伙伴的闲置设备可通过平台采用租赁方式共享 | 已应用于临时变压器共享，有效保障电力设备质量和租后服务 |
| "授权代理店"模式 | 社会厂商可与平台签约，由平台代理租赁业务，并初检入网合格证 | 适用于拥有闲置电力设备资源但缺乏设备维修、维护等租后服务能力的厂商 |
| "社会专卖店"模式 | 社会厂商可通过平台自行发布、对接租赁信息，平台只发挥促媒作用 | 已应用于发电机设备共享，模式具有较高灵活度、自由度，可高效促进社会闲置资源流动 |
| "余额宝"模式 | 模式运转方式类似余额宝，有闲置设备的厂商或企业（主要是国资委下属企业）将设备存入"余额宝"中，在获得租赁收益的同时，在一定年限内可免费使用同等容量的设备 | 已应用于临时变压器共享，可帮助企业减少设备仓储和维护成本，在有需要时可随时取用，灵活性强；对于政府应急保供电项目、公益项目、防疫及其他租赁时间较短的项目，不收取租赁费用 |

**打造流程样板**。鄞州区供电公司结合自身实际及宁波闲置电力设备租赁市场特点，灵活运用社会责任沟通工具、社会责任边界管理工具和利益相关方管理工具，明确了设备租赁流程等标准规范，开创出多方共赢的闲置电力设备共享"闲鱼"模式，为闲置电力设备的共享租赁提供了可借鉴的"宁波样板"。为进一步提升模式的可推广性，鄞州区供电公司系统梳理、总结自身做法，提炼出闲置电力设备共享"五步法"：开展诉求调研、整合多方资源、搭建共享平台、确立流程规范、量身定制方案。国网系统内其他地市公司或其他行业企业可参考"五步法"，结合当地闲置设备实际情况，构建适用于企业和行业自身特点的设备共享租赁模式。

## 多重价值

项目实现了利益相关方共"赢"：项目唤醒了闲置的电力设备资源，解决了设备共享的当务之急。项目回应了利益相关方诉求，从"众口难调"转变为"众口可调"，实现了利益相关方的合作与共赢。项目减少了应急情况下设备的调用时长，提高了业扩时效性，优化了电力营商环境。项目通过帮助用户减少项目成本、增加租赁收入，为用户创造了经济价值。项目树立起的设备共享租赁的"宁波样板"，受到了社会各界的关注与好评，可以推广到更广范围内唤醒闲置资源。

### 唤醒闲置设备资源，解决设备共享当务之急

项目打破以往闲置电力设备市场各主体各自为营的局限，创建闲置设备应用新模式，提高了闲置电力设备再利用效率，节约了社会整体资源，为地方经济社会发展拓展出新的价值增长空间。小微企业、农户或者对施工用电有较大需求的单位可以不再为了电力设备而发愁。截至 2021 年 7 月，共有 90 个项目采用了箱变租赁服务，节省用户投资1000 余万元。

为宁波某海塘养殖场提供"上门定制"发电机租赁服务，
解决用户"燃眉之急"

### 合力推动多方共赢, 达到"众口可调"

在闲置电力设备共享"闲鱼"模式下, 各个利益相关方的资源优势都得以发挥, 诉求都获得了满足和回应, 项目获得了各利益相关方的高度认可。如表 2 所示。

表 2 利益相关方实现多方共赢

| 利益相关方 | 共赢模式 |
| --- | --- |
| 设备拥有方 | • 减少因存放闲置设备产生的经济成本<br>• 避免设备被偷盗产生的经济风险<br>• 通过平台更加方便地获得业务, 难以管理的闲置设备也"获得新生", 有利于企业经营能力和利润提升 |
| 设备租赁方 | • 平台可从设备数据库中迅速匹配最合适的设备资源, 为用户提供设备共享方案"最优解", 帮助客户节约投资, 降低办电成本, 升级办电体验<br>• 保障电力设备质量, 提高了用电安全性与可靠性 |
| 供电公司 | • 在为用户进行通电检查时, 用户使用来源不明的不合格变压器的情况基本消失, 保障用户用电安全和电网安全<br>• 平台可实时掌握设备使用地点和设备状态, 并为用户提供专业的设备安全使用指导, 有力地保障了设备安全和电网安全 |
| 政府 | • 改善地方营商环境和自然环境<br>• 利用平台大数据, 获取决策依据、优化资源配置、提高资源调配效率 |
| 设备厂家<br>(设备检测方) | • 增加设备检测业务收益<br>• 依据设备维修问题改进设备生产, 提高市场竞争力 |
| 生态环境 | • 通过集中管理, 有效地减少了资源闲置和污染排放, 缓解了因质量、排放不达标电力设备造成的电力安全风险和环境污染问题, 助力"碳达峰"和"碳中和"目标实现 |

### 优化电力营商环境, 提高调配效率

平台基于电力设备大数据分析, 提高电力设备调配效率, 充分满足特殊情况下的电力应急需求, 如遇到台风、洪涝灾害时, 开展紧缺电力设备紧急调配; 在新冠肺炎疫情防

控期间，平台在 2 天内为防疫口罩工厂建设项目提供了临时用电所需箱式变压器，有力支援了抗疫工作；此外，项目通过为用户提供有质量保障的电力设备，提升了临时设备、正式设备衔接效率，减少了业扩项目的时长。

为防疫口罩工厂建设紧急调配电力设备，保障防疫物资生产

### 发挥设备剩余价值，助力节约用户成本

项目通过建立平台实现多方资源共享，充分发挥了闲置电力设备的剩余价值，帮助用户降低成本、提高效率，如甬金铁路工程所需的 16 台临时箱式变压器都通过租赁方式获得，预计可为建设方节省成本 300 多万元。

### 树立责任品牌形象，促进设备共享

项目被《经济日报》、《浙江日报》、凤凰网、国家电网、电网头条等媒体传播与报道，得到了社会的良好反响和评价，增进了各利益相关方对公司社会责任工作的认可与支持，实现了企业责任形象的有效传播。

### 未来展望

未来，将以闲置电力设备贡献网络平台为基础，在租赁服务的上下游延伸社会责任工作触角，扩充"闲鱼"数量、种类，加强与国资委等政府部门及拥有闲置设备资源的企业合作，依据平台大数据持续完善供需"用户画像"，活化服务模块，实现设备多元化模块不断扩充、个性化服务体验不断提升。继续稳固和打好"宁波样板"，丰富社会责任工具，携手利益相关方开展动态监测并反馈优化改进，引领社会资源充分利用新方向，推动自身与经济、社会、环境的可持续发展。

## 三、专家点评

电力闲鱼项目成功地走向系统化、平台化，是履行社会责任进阶的表现，该项目社会意义和社会价值较高，在创意想法实施方面取得了成功。

**——国家电网社会责任处处长　刘心放**

**无废世界**

国网丹阳市供电公司

# 多方共建小微企业微型储能电站新模式

## 一、基本情况

### 公司简介

国网丹阳市供电公司（以下简称"丹阳公司"）主要经营、管理和建设丹阳电网，为丹阳经济发展和人民生活提供电力保障。丹阳公司全面贯彻"创新、协调、绿色、开放、共享"新发展理念，落实"碳达峰、碳中和"行动方案和以新能源为主体的新型电力系统建设方案，推动可持续管理与卓越绩效管理深度融合，以理念传播为先导、以指标体系为牵引、以业务协同为抓手、以示范项目为重点，全面提升可持续管理的辐射力和影响力，有效地支撑和服务公司战略转型和高质量发展。

### 行动概要

丹阳公司以"创新、协调、绿色、开放、共享"新发展理念为价值导向，针对小微企业资金难题、供电企业超容问题、退役动力电池回收难题等，协同当地乡镇政府、投资机构、总包公司等核心利益相关方共建新商业模式（小微企业降本增容、投资方获得投资收益、总包方获得建设运维收益、供电企业获得代收电费收益并减少电网安全稳定运行风险），共同推动退役动力电池的梯次利用。微型储能电站的开发及应用解决了电动汽车退役动力电池资源浪费、环境污染

147

的问题，符合联合国提出的 2030 年可持续发展目标要求，有助于促进丹阳地区经济社会健康可持续发展，打造共建、共享、共治、共赢的电力大数据创新发展生态圈。

## 二、案例主体内容

### 背景／问题

目前，我国首批新能源动力蓄电池已经进入老龄状态，中国汽车技术研究中心的研究报告显示，2020 年，我国的动力电池退役总量已经达到了 20 万吨左右，到 2025 年，这一数据将呈现数倍增长的趋势，预计动力电池的退役总量会突破 78 万吨，如何妥善处理和报废这些动力电池所带来的环境污染等问题，关系到我国可持续发展目标能否顺利实现。自 2016 年以来，工业和信息化部相继出台了《新能源汽车废旧动力蓄电池综合利用行业规范条件》《新能源汽车废旧动力蓄电池综合利用行业规范公告管理暂行办法》等，明确废旧电池回收责任主体，加强行业管理及回收监管。

同时，受经济周期波动的影响，作为稳定社会就业基础力量的小微企业也面临着前所未有的挑战。大量小微企业在加足马力抢抓生产的同时，也面临增产用电超容、增容资金不足的两难境地。与此同时，丹阳公司也面临着小微企业超容违约用电管理治标不治本的难题。

### 行动方案

丹阳公司把行业退役动力电池的处理作为小微企业资金难题、供电企业超容问题的解决资源，携手各利益相关方，共建新的商业模式，在实现多方合作共赢的同时，创造经济、社会、环境综合价值。

#### 深入分析利益相关方情况

为充分适应内外部形势和综合能源服务业务发展需求，确保新商业模式兼具先进性和实用性，丹阳公司项目组成员利用头脑风暴等方式识别本项目的核心利益相关方和一般利益相关方，厘清退役电池梯次利用与"无废世界"概念的内涵，分析电力大数据特点及其与经济社会发展、企业生产经营的相关性，明确各方主要诉求、资源优势、预期收益、风险点，为项目推进奠定了基础。利益相关方情况如表 1 所示。

项目推进实施过程中采取精益管理方法，在定义阶段收集企业需求和争取政府支持，确定各方关键优势资源。

表 1 利益相关方情况

| 核心利益相关方 | 角色 | 优势资源 |
|---|---|---|
| 投资机构 | 投资方 | 资金优势<br>投资意愿 |
| 总包公司 | 建设运维方 | 建设运维技术<br>退役动力电池回收渠道与处理技术 |
| 小微企业 | 使用方 | 自有场地<br>降低用电成本的意愿 |
| 供电公司<br>（为方便分析，作为利益相关方） | 牵头方 | 掌握小微企业用电情况<br>解决企业超容用电问题的意愿 |
| 一般利益相关方 | 角色 | 优势资源 |
| 地方政府机构 | 支持方与协助沟通方 | 政策支持<br>公信力 |
| 行业协会 | 协助沟通方 | 沟通优势<br>公信力 |

### 创新多方合作共赢新商业模式

丹阳公司与投资机构、总包公司、小微企业等通过多次沟通，明确各方投入资源与收益，确定微型储能电站新商业模式的基本运行逻辑。创新打造了"产业发展联盟＋服务""政企协作＋服务""智慧＋增值服务"的合作共赢新商业模式，明确了小微企业微型储能电站运营模式。

**一是创新打造了"产业发展联盟＋服务"商业模式。**积极推动形成政府主导、企业搭台格局，由小微企业、能源服务商、设备供货商等市场主体共同组建微型储能电站产业发展联盟，加速构建综合能源服务生态圈。

**二是创新打造了"政企协作＋服务"商业模式。**争取地方政府支

党员服务队为梯次电池投运进行现场验收

持，深化数据价值挖掘，为企业能源消费优化提供依据。

**三是创新打造了"智慧＋增值服务"商业模式。**基于对用户用能数据的采集监测，通过智慧化服务手段提供用能监测、专业电力运维等服务，满足企业对于储能电站安全运行、设备管理优化等诉求。

**四是明确了小微企业微型储能电站运营模式。**由投资方出资，总包方对小微企业进行微型储能电站建设与日常运维。微型储能电站在夜间谷电时段储能，用于白天小微企业生产使用。由丹阳公司代替投资方收取小微企业电费，投资方获得由峰谷电价差产生的投资回报。

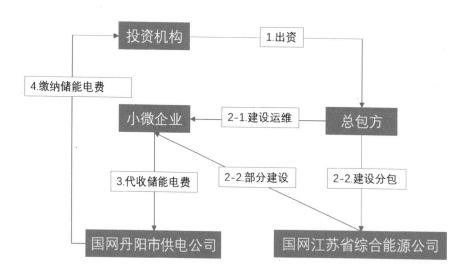

小微企业微型储能电站运营模式

## 构建并完善微型储能电站项目建设流程

在参与各方确定小微企业微型储能电站运营模式的前提下，丹阳公司作为牵头方，应用大数据思维，通过对能源互联网营销 2.0 系统中的小微企业电压、电流、负荷、电费等用电数据进行分析，初步筛选出符合峰谷时用电差大条件的超容小微企业。

在此基础上，根据新商业模式各方责任分工，完善了小微企业微型储能电站项目建设流程。如表 2 所示。

表 2　小微企业微型储能电站建设流程

| 步骤 | 责任方 | 工作事项 |
|---|---|---|
| 1 | 国网丹阳市供电公司 | **初步筛选：** 通过用电数据分析以及现场走访宣传，邀请有意愿且符合建设条件的企业加入意向"推广微信群"，并将新加入用户的基本资料发给总包方 |
| 2 | 总包方 | **安排实地勘察计划：** 收到初选用户清单材料后 2 天内给出勘察计划，一周内安排勘察<br>**勘察与技术性筛选：** 勘察后 3 天内反馈勘察意见，进行项目技术性筛选，将可行项目清单通知供电企业 |
| 3 | 投资方 | **投资决策：** 以可行项目清单累积到 30 家为准，召开内部投资决策会，并第一时间反馈投资批复项目清单 |
| 4 | 国网丹阳市供电公司、总包方、小微企业 | **建设计划：** 根据投资批复项目清单，再次走访小微企业，三方共同明确建设地点，敲定协议签约细节<br>**建设施工：** 总包方根据协议细节，制订详细的施工方案，进场施工<br>**日常运维：** 储能电站的安全管理等日常运维、小微企业费用支付 |

## 共同应对微型储能电站安全风险隐患

　　动力电池安全问题是全球性技术难题，目前电化学储能和电动汽车采用的大多是锂离子电池，即使是新电池，也可能由于制造过程的缺陷或使用不当而发生安全事故。对于退役动力电池来说，使用环境不同、工况不一、容量保持率不一致等都会导致存在安全风险。在小微企业微型储能电站建设中，丹阳公司、投资方、总包方共同就安全风险进行探讨，明确各方应采取的相应举措，尽可能地减少微型储能电站安全事故的发生。保障安全举措如表 3 所示。

表 3　保障安全举措

| 保障方 | 保障安全举措 |
|---|---|
| 丹阳公司 | 提供安装场地选择建议 |
| 金融机构 | 购买安全保险 |
| 总包公司 | 加装电池管理系统，由云端系统实时监控电池组所有电芯运行状态，实时分析并预警电池异常状况，当电池异常状态持续时，及时干预停止电池充放电功能，并且保证电池运行参数历史记录可供翻查检验 |

### 引入政府与企业协会共同解决沟通难题

在传统的处理流程中，虽然供电企业对小微企业的超容违约用电处理方式合理合法，但容易产生沟通矛盾和优质服务风险。加上小微企业负责人对微型储能电站的认知不足，使小微企业微型储能电站的前期推广工作存在较大的沟通难度。

丹阳公司升级原有的"平安电力""用户俱乐部"两个"政电企"联动平台，邀请小微企业聚集的乡镇政府加入平台，介入项目前期沟通。同时，鉴于本地各企业协会在小微企业中具备较强的公信力，邀请其加入项目为小微企业排疑解忧。对有条件建设微型储能电站但存在较大困难的小微企业，与政府、企业协会等共同上门沟通交流，解决企业疑惑。

丹阳公司营销部牵头，利用"用户俱乐部"组织开展储能电站推广活动

### 开展形式多样的宣传推广活动

丹阳公司推动各种形式的宣传推广活动，如现场展示微型储能电站模拟运行和模拟实验数据，与新闻媒体合作宣传"退役动力电池梯次利用"相关政策、文件和理念，加深小微企业对微型储能电站的理解。

## 多重价值

### 经济效益

通过退役动力电池的回收再利用，为有需求的小微企业建设微型储能电站，参与各方均可在经济上获得回报。

**小微企业:** 截至 2021 年 8 月,共为 17 家小微企业建设微型储能电站,已满足小微企业 20%~30% 用电负荷高峰时段的负荷需求,有效压降超容幅度乃至解决超容问题,节省增容资金投入,降低基本电费支出,获得电费优惠,整体降低企业用电成本。按照计划,2021 年可完成 200 套电池组安装,2022 年可完成 400 套,预计可帮助企业解决电费 600 余万元。为实现联合国 2030 可持续发展目标 7.1——"到 2030 年时,每个人都能获得负担得起的、可靠和可持续的现代化能源服务"做出积极贡献。

以丹阳市第一家建设微型储能电站的凯雷斯公司为例,其微型储能电站建成投运后,不仅可以节省 10 万元的增容建设费用,还可以省去原本增容后需要缴纳的基本电费 113400 元。此外,还可以享受储能用电 10% 的电费差价优惠(0.06 元 / 千瓦·时)。此三项叠加,共计可节省费用 23 万元左右,相当于全年企业用电成本的 1/3,表明试点小微企业用能成本下降率达到了 33%,超额完成了项目目标。

**投资方:** 投资方获得由峰谷电价差产生的 0.68~0.76 元 / 千瓦·时的差价净利润。2022 年预计可建成 200 套,共计投资 2400 万元。

**总包方:** 拓展新的技术应用场景,获得项目建设和运维收益 0.6 元 / 千瓦·时,其中运维费用收入 0.03 元 / 千瓦·时。以凯雷斯公司为例,预计总包方工程总包额为 24 万元,运维收入为 2100 元 / 年。

**国网丹阳市供电公司:** 获得 0.015 元 / 千瓦·时代收电费服务费收入,截至 2020 年底,共获得综合能源服务收入 3 万元。以凯雷斯公司为例,2021 年 5~11 月,镇江三新供电服务有限公司丹阳分公司获得电费服务费收入 638.75 元。

**国网江苏省综合能源公司:** 获得 3000 元 / 套建设收入,截至 2021 年 5 月共计建成 103 套,合计建设收入 30.9 万元。以凯雷斯公司为例,获得项目建设收入 3000 元,加上丹阳公司获得的综合能源服务收入 3 万元,电网企业回收再利用收益达 33.9 万元,超额完成了项目目标。

### 环境效益

通过对退役动力电池进行微型储能电站的再利用开发及应用,截至 2021 年 8 月,丹阳公司使用梯次电池 160 余组,约 60 兆瓦·时,年废弃动力电池回收 12.5 吨。按照整组电池容量衰减至控制线以下时,由专业处理公司进行无害化处理,实现无害化处理退役动力蓄电池 1.2 吨 / 年，为联合国 2030 可持续发展目标 12.5——"到 2030 年，通过预防、减排、回收利用，大幅度减少废物的产生"贡献国网力量。

### 其他社会效益

利用退役动力电池构建小微企业微型储能电站新商业模式，目前服务小微企业数量达 51 家，实现小微企业客户侧储能容量达 2.8 兆瓦，有利于帮助小微企业解决降本增效的实际问题，助力丹阳地区小微企业健康发展，营造更优的小微企业生存发展环境，助力实现联合国 2030 可持续发展目标 12——"采用可持续的消费和生产模式"。

与此同时，对于丹阳公司而言，丹阳地区小微企业数量众多，其超容用电引起的问题长期威胁电网安全。小微企业微型储能电站可以满足小微企业 20%~30% 用电负荷高峰时段负荷需求，有效压降超容幅度乃至解决超容问题。该问题的解决，能够促进企业变压器健康安全运行，避免了供电线路负荷超载，以及由此引发的线路跳闸事故，可延长设备使用寿命，增强电网负荷曲线的平滑性，保障电网系统安全运行。

### 未来展望

针对目前推广的范围和行业类别有限，丹阳公司应与皮革制造、精密冶金、光学玻璃、工具钢等行业的当地企业协会达成合作共识，为企业用电提供指导，并共同筛选符合条件的小微企业，推广微型储能电站建设。目前，该项目已在丹阳市完成推广及实施，下一步可在镇江市乃至江苏省推广实施。

## 三、专家点评

由国网丹阳市供电公司主导的"多方共建小微企业微型储能电站"项目非常具有前瞻性和创新性，在全国范围内当属首创。在丹阳市供电公司的努力下，自 2020 年实施以来，已扎实落地了几十家储能电站，既取得了显著的社会和经济效益，也真正获得了众多小微企业的青睐，实现了投资方、小微企业、政府和电网等多方共赢的良好局面。

**(1)前瞻性：** 2020 年 9 月，习近平主席在联合国大会上正式提出了中国的"双碳"目标，而新能源汽车市场在 2020 年开始强势上涨，之后储能、电力市场开放改革、新能源汽车电池的梯次回收问题一直就是市场的关注热点。2019 年，丹阳市供电公司就有了利用新能源汽车退役电池在众多小微企业用户侧投建储能电站的构想，并在 2020 年着手将该项目具体化并落地了第一个小微企业储能电站。这充分说明了丹阳市供电公司在这些领域的前瞻性。

**(2) 创新性：** 不同于以往的由电网公司或者国有企业能源公司投资建设大型储能电站的运行模式，此项目主动瞄准平常经常被忽略的众多小微企业用户，由丹阳市供电公司牵头，整合投资方、企业用户、总包方等多方面资源共同推进基于新能源汽车退役电池的用户侧储能项目，最终达到了多方共赢的目的。该项目的商业模式在国内当属首创。

**(3) 多方共赢：** 该项目既帮助中小企业用户解决了变压器超容并降低了用电电费，也让投资方有利可图有进一步投资的动力；同时平滑了区域内电网用电曲线，间接减轻了用电高峰期的电网压力；从政策层面来着，又符合国家"双碳"目标的政策趋势。一举多得，真正实现了多方共赢。

——**中国工业节能与清洁生产协会首届专家委员　李剑铎**

**礼遇自然**

南方电网海南电网有限责任公司

# 筑巢护鸟,
# 搭建人与自然和谐共生的桥梁

## 一、基本情况

### 公司简介

南方电网海南电网有限责任公司是中国南方电网公司的全资子公司,负责海南电网规划、建设、运营、管理。担负着保障海南省电力可靠供应的重大责任和使命,致力于为海南经济社会发展提供清洁低碳、安全高效的能源供应。公司实行省公司直管市县供电局两级管理,本部设置职能部门 18 个、直属机构 13 个,下辖单位 31 家,现有员工 9309 人。截至 2021 年底,海南省已建成 220 千伏"目"字形环岛双环网主网架,并通过联网 I、II 回 500 千伏海底电缆(总容量 120 万千瓦)与南方电网主网双回路相连。海南省统调装机总容量 924.3 万千瓦,其中清洁能源装机占比(含气电)为 70.1%。乡镇、行政村和自然村通电率均达到了 100%。供电户数 362 万户。

近年来,南方电网海南电网有限责任公司全面贯彻习近平生态文明思想,认真落实党中央、国务院重大决策部署以及海南省委、省政府、南方电网公司工作要求,坚定不移贯彻新发展理念,推进海南清洁能源岛建设,加快打造高质量新型电力系统,通过高效利用资源、严格保护生态环境、有效控制温室气体排放,将可持续发展理念全面融入公司企业文化中,强力支撑海南自贸港、国家生态文明试验区建设,努力实现人与自然和谐共生。

### 行动概要

南方电网海南电网公司引入可持续发展理念，从以往驱赶鸟类筑巢改为引导鸟类在不影响线路运行的杆塔适当位置筑巢，在保障电力安全可靠供应的同时，应充分保护鸟类生命安全和栖息环境，并持续对外传播，提升公众的生物多样性保护意识，为保护生物多样性贡献电网力量。

**一是转变思路，主动研制人工鸟巢**。研制开发了高压架空输电线路的人工鸟巢。人工鸟巢用耐腐蚀、抗老化的不锈钢网或铁丝网做成，里面放入稻草，或将原有的鸟窝挪到里面，然后将其放置在线路上的安全位置，在保护鸟类栖息地的同时也保障了电力安全，实现了从驱鸟到护鸟的重大转变。

**二是广泛应用，科学安装人工鸟巢**。在全岛范围内有选择地将人工鸟巢安放在鸟类活动频繁的输电线路区段，引导鸟类在不影响线路运行的杆塔适当位置筑巢。对于已经搭建好的鸟巢，在不惊扰鸟的情况下，将鸟巢就近移放进人工鸟巢。

**三是大力传播，倡导更多保护行动**。创新开发系列宣传视频，持续扩大行动影响力，提升各行各业生物多样性保护意识。通过与鸟类专家、教育机构合作，向学生进行宣传，引导学生保护生态环境，为维护生态平衡以及保护环境做出了贡献。

## 二、案例主体内容

### 背景 / 问题

世界自然基金会发布的《地球生命力报告 2020》显示，1970~2016 年，全球可监测到的哺乳类、鸟类、两栖类、爬行类和鱼类种群规模平均下降了 68%，超过 100 万物种受到威胁或濒临灭绝，全球生物多样性岌岌可危。研究表明，土地和海洋利用的变化（包括栖息地的丧失和退化）是生物多样性面临的最大威胁。

我国是世界上物种最丰富的国家之一，同时也是生物多样性受到威胁最严重的国家之一。在《濒危野生动植物种国际贸易公约》列出的 640 个世界性濒危物种中，我国有 156 种，约占总数的 25%。为此，国家高度重视生物多样性保护，"十四五"规划和 2035 年远景目标纲要明确提出"实施生物多样性保护重大工程，构筑生物多样性保护网络，加强国家重点保护和珍稀濒危野生动植物及其栖息地的保护修复"。

气候温和且位于全球重要候鸟迁飞路线的中点位置使海南省成为鸟类的天堂，也对海南省的生物多样性保护提出了更高的要求。每年的 3~7 月是鸟类繁殖期，大量鸟类会在电网的铁塔、输电线路上搭建鸟巢，这就引发了两个方面的问题：一方面，鸟类在叼长树枝和杂物筑巢过程中极易触碰到电线而受到伤害甚至死亡；另一方面，鸟巢里掉出来的树枝和草，极易引发线路跳闸等问题，给线路维护带来极大挑战。面对这些问题，过去普遍采取安装风车驱鸟器、超声波驱鸟器及刺丛驱鸟器等方法，企图驱赶鸟类，避免其在电网线路上筑巢，然而这类方法不仅效果甚微，还会破坏鸟类栖息地和危及鸟类生命。如何在保障电力安全可靠供应的同时，充分保护鸟类生命安全和栖息环境，成为电网企业亟须解决的问题。

## 行动方案

"既然不能避免鸟类筑巢，那我们就在安全的地方给鸟类安个新家吧。"在可持续发展理念的指引下，海南电网转变思路，创新生态保护模式，由被动式驱赶保护转为主动式生态建设，通过搭建人工鸟巢，引导鸟儿在高空"公租房"安居，不仅安全可靠，保护鸟儿免受伤害，又大幅度地降低了输电线路跳闸事故率，保障了居民生产生活正常运行，起到良好的示范效果，实现了生态保护和经济社会发展的"双赢"，为建设国家生态文明试验区树立了典范。

### 转变思路，主动研制人工鸟巢

为了避免鸟类因筑巢对电网安全造成威胁，南方电网海南电网公司过去采取的办法是在鸟类活动频繁区域的输电铁塔的横担上安装驱鸟装置，或者直接拆除鸟窝等，但有时刚将线路上的"违章建筑"拆除，新的巢在两三天后又重新建起，有时一条线路一个月内甚至会多出几十个鸟窝，人和鸟就打起了"游击战"。

南方电网海南电网公司员工讨论人工鸟巢材料　　南方电网海南电网公司员工安装人工鸟巢

通过观察研究，在掌握各种鸟群分布、栖息活动规律的基础上，南方电网海南电网公司转变工作思路，从以往驱赶鸟类筑巢改为引导鸟类在不影响线路运行的杆塔适当位置筑巢。为此，公司积极研制开发了高压架空输电线路的人工鸟巢，引导鸟群安全"落户"。

人工鸟巢是用耐腐蚀、抗老化的不锈钢网或铁丝网做成的鸟窝，将原有的鸟窝挪到里面或是放入承重而不易掉落的稻草后，将其放置在铁塔远离吊点的安全位置，并引导鸟类在人工鸟巢上筑巢繁殖，将防堵与疏导相结合。同时，南方电网海南电网公司与鸟类专家共同研究鸟类迁徙路径、鸟类分布等工作，绘制出电网涉鸟故障风险分布图，在保护鸟类的同时减少鸟类对电网安全平稳运行的不利影响，为呵护绿水青山、建设国家生态文明试验区贡献力量。

### 逐步铺开，科学安装人工鸟巢

人工鸟巢研发成功后，南方电网海南电网公司选择四条线路进行试点应用，经过4个月试验和观察，四条线路均未出现因鸟类筑巢引起线路跳闸事件，并且鸟类在人工鸟巢的入住率达到70%以上。随后，该方法迅速在全岛范围内推广应用，有选择地将人工鸟巢安放在鸟类活动频繁的输电线路区段，引导鸟类在不影响线路运行的杆塔位置筑巢。对于已经筑好的鸟巢，在不惊扰鸟儿的情况下，将鸟巢就近移放进人工鸟巢。

同时，在绝缘子吊点上方安装"防鸟笼"装置，防止鸟类在此停

南方电网海南电网公司员工检查鸟儿"入住"情况

留，既保护它们免受伤害，防止鸟粪等异物引起短路，也达到了引导鸟类"入住"人工鸟巢的目的。

### 大力传播，倡导更多保护行动

2020年，南方电网海南电网公司策划"为鸟儿安家"系列宣传，拍摄生态题材微电影《鸟叔》，生动展示电网与鸟儿和睦共处的生动实践，回答了人与自然如何和谐相处促进生态文明建设的时代之问，也为各行各业生物多样性保护提供了经验和借鉴。同年，《鸟

鸟类在人工鸟巢中繁育　　　　　　　　人工鸟巢里的幼鸟

叔》荣获亚洲微电影艺术节最佳作品奖（一等奖），经新华社、人民网等权威媒体报道和转发，引起了全社会的广泛关注，让更多人开始关注和参与到生物多样性保护行动中。

## 多重价值

2018~2020 年，海南电网累计搭建了近 3000 个人工鸟巢，"入住率"超过了 70%，给蹒跚而来的鸟儿提供了"最硬核安居房"。

在经济价值方面，在推广安装人工鸟巢后，海南电网因鸟类筑巢等活动引发的线路跳闸率大幅下降，降低了输电线路维护成本和因停电带来的社会生产经营损失。以海口供电局为例，该局因鸟类引起的线路跳闸率从 2017 年的 12.2% 降至 2019 年的 6.9%，电网安全性和可靠性进一步增强，鸟类在输电铁塔附近活动受伤的数量也显著降低，取得了良好的环境效益和经济效益。

在生态价值方面，从驱鸟到引鸟、护鸟，南方电网海南电网公司的转变有效保护了海南省鸟类的繁殖活动和种群良性发展，将生态防鸟工作贯穿于电网建设中，护鸟、留鸟，实现人与自然和谐共处，守护海南绿水青山。同时，唤起人们对生物多样性保护的意识，带动更多保护行动，共同为保护生物多样性贡献力量。

在影响力方面，新华社围绕这一创新及成效，先后发布了该题材文字、图片故事、视频通稿，并推出了英文、日文、俄文等通稿，被俄罗斯国家通讯社塔斯社、美国 MSN 网站等国际主流媒体采用，向世界展示了中国人对生态环境的珍视，对生态文明建设的重视。以筑巢护鸟为题材，制作微电影《鸟叔》，由《人民日报》"两微一端"首发、"学习强国"学习平台两次推介，并荣获第八届亚洲微电影节最佳作品奖。《海南日报》发表千字评论为南方电网点赞，对海南电网创新思路破解电网发展与生态保护难题给予了高度肯定。筑巢护鸟新闻报道和微电影话题两次登上微博热搜榜，累计阅读量破亿次。

扫描二维码，观看微电影《鸟叔》

### 未来展望

从驱鸟到引鸟、护鸟，行动的背后是海南电网人的环保担当，是对来海南栖息候鸟的深切关怀，承载的是海南电网人对生态环境保护的赤诚，凝聚的是电网人的集体智慧。通过搭建人工鸟巢这个小举措，折射出海南牢固树立和全面践行"绿水青山就是金山银山"的理念，也表明了海南紧紧围绕建设"三区一中心"战略定位推进生态文明建设、谱写美丽中国海南篇章的坚定意志和决心，更展现了海南落实党中央决策部署的力度与担当。

随着《海南自由贸易港建设总体方案》的发布，海南自贸港建设开启了新征程，海南也站在了一个新的历史起点，南方电网海南电网公司将坚定推进生态文明建设，从细微处着眼，继续发扬敢闯敢试、敢为人先、埋头苦干的特区精神，在实现生态保护和经济社会发展之间寻找"双赢"的路径，为海南自由贸易港建设提供坚实保障。

## 三、专家点评

海南电网公司积极转变思路，探索人与自然和谐相处之道，实现了生态保护和经济社会发展的"双赢"，生动具体地展现了生物多样性保护和生态文明理念已经深入基层企业。更可喜的是，该项目还通过制作微电影的方式进一步传播生物多样性与生态文明的理念，在更大范围内实现了社会传播和社会效益，也体现了南方电网海南电网公司企业文化中深厚的可持续发展理念。

**——西交利物浦大学国际商学院副教授 曹瑄玮**

可持续发展
目标

15 陆地生物

> 礼遇自然

国网高邮市供电公司

# "护线爱鸟"擦亮城市发展名片

## 一、基本情况

### 公司简介

国网江苏省电力有限公司高邮市供电分公司(以下简称国网高邮市供电公司)是服务江苏省高邮市 70 多万人口的电力能源国有企业,设 13 个乡镇供电所,辖区内共有 110 千伏变电站 20 座,35 千伏变电站 5 座,35 千伏以上输电线路 77 条,总长度 1123.997 千米,10 千伏(20 千伏)线路 322 条、总长度 4012.75 千米。2021 年全社会用、售电量均超过 40 亿千瓦·时,同比增幅列扬州各县市第一。国网高邮市供电公司深入学习贯彻习近平新时代中国特色社会主义思想,始终坚持人民电业为人民的企业宗旨,以建设具有中国特色国际领先的能源互联网企业为战略目标,积极践行为美好生活充电、为美丽中国赋能的公司使命,全力做好国民经济保障者、能源革命践行者、美好生活服务者,彰显中央企业的责任担当。

与此同时,国网高邮市供电公司积极履行企业社会责任,在能源安全、清洁能源应用等方面做出贡献。尤其是对东方白鹳的保护,紧密结合生物多样性保护工作,充分体现出了电网与生态环境和谐共存的理念。

### 行动概要

随着生物多样性保护受到社会各界的重视,如何使电网与珍稀动物和谐共存成为供电企业的重要议题。在高邮地区，国家一级保护动物东方白鹳活动频繁，常在高压输电线上筑巢，但问题接踵而来，东方白鹳的粪便、鸟窝极易引发线路跳闸，不仅危及鸟类生命安全，也给电网运行带来了安全隐患。

国网高邮市供电公司在"绿色工程·护线爱鸟行动——候鸟生命线项目"的指引下，全面启动"护线爱鸟"项目，坚持企业发展与生态发展共赢的理念，主动承担社会责任，积极引入利益相关方，通过搭建人工鸟巢、加装防护挡板、组建"护线爱鸟"志愿服务队、申报成立东方白鹳保护地、设立"鹳驿站"慈善公益账户等创新举措，不断推进"东方白鹳"生态多样性保护项目持续发展，形成了保护东方白鹳的"高邮方案"，高邮因此成为我国的第二个"东方白鹳保护地"。

同时，国网高邮市供电公司不断开拓创新发展思路，丰富项目的落地措施，在已有措施的基础上，通过安装隐形摄像头、打造生态打卡地、邀请鸟类保护专家现场指导等举措，走出了一条输电线路和东方白鹳共存共生的特色道路。在政府、企业、民众的合力保护，社会各界及时周到的救助下，此项目为东方白鹳创造了更安全、更适宜的生存环境，并在保护生态环境以及生物多样性、促进人与自然和谐发展以及塑造城市发展名片等方面发挥了积极的作用。

2020 年 12 月，国网高邮市供电公司联合高邮市野生动物保护站开展"东方白鹳保护地·高邮"揭牌仪式

## 二、案例主体内容

### 背景 / 问题

#### 东方白鹳筑巢引发线路跳闸危及鸟类和电网安全

因高邮境内湿地资源丰富，越来越多的东方白鹳过境栖息。东方白鹳喜欢在高压输电线上安家，但却引发了一系列问题。一方面，东方白鹳在输电线路杆塔上筑巢、育雏时，如果散落的树枝掉到导线或垂悬绝缘子上，容易引发输电线路短路故障。另一方面，东方白鹳的排泄物属于酸性物质，具有一定的导电性，长期堆积在绝缘子上，容易引发线路放电，导致线路跳闸，既影响东方白鹳的生命安全也影响居民的用电保障。2007 年以来，高邮地区有 10 次输电线路跳闸都是由东方白鹳的排泄物引起的，不但给电网运行带来了严重的安全隐患，而且也影响东方白鹳的生命安全。随着生态环境持续改善，高邮境内东方白鹳的数量逐年增长，越来越多的东方白鹳从候鸟变成了留鸟，高邮电网与东方白鹳和谐共处面临更严峻的挑战。

#### 缺乏成熟的针对东方白鹳与电网共存的保护机制

目前，国内针对东方白鹳习性的研究成果较少，难以借助现有案例对其进行有效保护，只能凭借自主观察和探索实践来找到保护路径。近年来，国网高邮市供电公司"护线爱鸟"项目稳步推进，做了一系列保护输电线路的尝试，取得了一定成效，但从长期来看，依然需要以更科学的方式对做法进行验证和优化，同时需要联合更广泛的社会资源对东方白鹳进行更全面的保护，推动地区生物多样性的发展。

### 行动方案

国网高邮市供电公司秉承解决关键痛点和创造社会价值两大核心思路，联合保护东方白鹳涉及的利益相关方，明确各方在保护东方白鹳方面的资源和诉求，经过无数曲折和探索，以科学、共赢、可持续的方式，最终形成电网与生态和谐的共存模式。

#### 探索矛盾化解——变"驱鸟"为"护鸟"

面对"护鸟保线"的问题，一开始的方法以驱鸟为主。通过安装防鸟刺以及驱鸟类设备，同时在输电线路上安装大盘径绝缘子、防鸟堵盒、导线绝缘包裹等方式防范鸟类筑巢或排泄粪便引发电网风险。不过，从爱鸟护线的角度出发，这些措施一方面效果不是非常理想，另一方面对鸟类也不够友好。国网高邮市供电公司在经过多次研讨和实践后转变思路，

2021年10月，国网高邮市供电公司在输电铁塔的安全位置为东方白鹳搭建人工鸟巢，尝试将东方白鹳招引至更加安全的人工鸟巢中，人工鸟巢直径约1.8米，深度约0.6米，造型与东方白鹳自筑的鸟巢几乎一致，稳定性更优

在高邮市界首镇大昌村输电铁塔上安家的一对东方白鹳夫妇，迎来了它们的"爱情结晶"——几只小东方白鹳。从照片里可以看到，几只"鹳宝宝"正茁壮成长

变"驱鸟"为"护鸟"，持续输出科学有效的保护方案，并针对保护设备布点不足问题加大投入，构建全方位的东方白鹳保护机制，逐步形成了电网安全运行与东方白鹳和谐共生的成熟解决方案。

### 多措并举，完善保护机制

国网高邮市供电公司以"护线爱鸟"为工作原则，完善保护方案，拓宽保护范围，构建完善的保护机制。

**(1)在备用铁塔上搭建人工鸟巢。** 东方白鹳在高压铁塔上搭建的鸟巢，其位置往往影响供电安全。为了更好地保护东方白鹳，国网高邮市供电公司采用在高压铁塔上安装人工鸟巢的方式，达到了保障供电安全和鸟巢安全的双重目的。人工鸟巢的安装位置根据调查来决定，目前人工鸟巢主要分布在110千伏澄临728线。同时，通过专家指导，在进一步了解了人工鸟巢的适用性后，开始搭建人工鸟巢，并利用东方白鹳离开铁塔避暑的机会，安装在东方白鹳频繁活动地区的输电铁塔上，减少了东方白鹳回归后衔树枝筑新巢过程中的风险，实现了让东方白鹳在高邮"安心落户"。

**(2)在高压铁塔上安装"空中厕所"。** 为保护"国宝"，同时保障供电安全，国网高邮市供电公司在高压铁塔上将一种轻便、耐腐、硬度大的新型环氧树脂绝缘材料加工成防护挡板，安装在巢穴下方，让东方白鹳的粪便落在"空中厕所"里，将鸟粪与线路等要害设备隔离，保护电网安全运行。值得一提的是，此绝缘材料已取得了实用新型专利证书。截至2021年底，在高邮境内，"空中厕所"的数量已经达到了2000个。在安全运行电力设施的同时，实现对东方白鹳、生态系统的全面保护。

**（3）安装隐形摄像机。**2021年5月，在国网公司、江苏省公司的指导下，国网高邮市供电公司对目前东方白鹳分布情况进行了梳理，绘制了东方白鹳鸟巢分布图，并根据实际情况在界首镇大昌村的110千伏祚巷7ND线38#塔、110千伏澄临728线40#塔的东方白鹳鸟巢相反侧地线隐蔽角落安装隐形摄像机，记录东方白鹳的生活日常，第一时间获取东方白鹳数据，为生物多样性保护和研究提供了珍贵的资料。

**（4）及时救助东方白鹳。**国网高邮市供电公司组织志愿者走进界首镇东方白鹳生活集中的区域开展护鸟宣传，并告知当地百姓遇到特殊情况时根据杆塔上的"东方白鹳户口簿"中的电话联系救护人。2021年"430""514"风灾发生后，陆续有东方白鹳受伤，国网高邮市供电公司接到救助电话后第一时间联合市自然资源和规划局将东方白鹳送至扬州茱萸湾公园进行专业救治，并将5只治愈的东方白鹳接至界首芦苇荡湿地进行放飞。

2021年5月，国网高邮市供电公司员工巡线至高邮市界首镇应龙村的一处田埂时，发现一只受伤的东方白鹳，立即协同高邮市野生动物保护站进行救治

**（5）定期进行巡查。**国网高邮市供电公司输电线路特巡队伍结合东方白鹳的生活繁育习性，有针对性地加大东方白鹳生活沿线的巡视力度，及时反馈巡查信息，充分保障电网以及东方白鹳的安全。

### 发挥多方力量，扩大社会影响力

目前，在高邮地区，不仅东方白鹳与电网共处的话题在电力行业及爱鸟协会引起了关注，而且形成了爱鸟护鸟的社会氛围，为此公司进一步引入了社会责任理念，从多方面入手推动"护线爱鸟"项目发展。

**（1）联合申报"东方白鹳保护地"。**国网高邮市供电公司联合高邮市自然资源和规划局、高邮市界首镇人民政府向中国生物多样性保护与绿色发展基金会（以下简称绿发会）

将高邮申报为东方白鹳的 "中华保护地"，同步在各级媒体进行宣传，利用"中华保护地"的影响力吸引社会各界关注。

**(2) 建立交流与展示基地。**将"东方白鹳保护地"揭牌点——高邮市自界首镇大昌村打造成融东方白鹳标本展示、临时救护、学术交流、科学普及为一体的交流与展示基地，并设立观鹳亭，为社会公众提供认识、了解东方白鹳的机会，让社会各界参与到保护东方白鹳的行动中来。

**(3) 邀请专家开展现场调研。**前期国网高邮市供电公司对东方白鹳的生活习性分析主要以输变电运检工人在高邮境内观察的样本为依据，2021 年国网高邮市供电公司邀请绿发会专家、中国野生动物保护协会志愿者委员会委员、湿地生态研究专家来高邮进行现场调研，搭建了交流平台，对东方白鹳生活习性观察记录的一些困惑与疑问得到了现场解答，专家详细介绍了全国东方白鹳的生态情况，为国网高邮市供电公司下一步"护线爱鸟"工作提供了理论支撑。

**(4) 开展"鹳驿站"志愿服务。**鉴于东方白鹳越来越多，为了能够更好地守护它们，国网高邮市供电公司联合高邮市自然资源和规划局面向全社会发起成立了"鹳驿站"志愿服务队，招募"护线爱鸟"志愿者，并对筑在输电铁塔上的鸟巢进行调查，在每一处有鸟巢的输电铁塔下方悬挂一块"鹳驿站"标牌，身份牌上登记了东方白鹳家族的筑巢时间、救

2020 年 8 月，国网高邮市供电公司联合高邮市野生动物保护站为东方白鹳栖息的铁塔安装"鹳驿站"指示牌。指示牌标注了铁塔的经纬度、首次发现巢穴的时间、输电线路名称及铁塔塔号、责任人和救护责任人姓名及联系方式等信息，方便供电员工与野生动物保护者查询

2021 年 12 月，国网高邮市供电公司联合高邮市自然资源和规划局、高邮市教育局、共青团高邮市委在"东方白鹳主题微公园"开设"青少年生物多样性保护课堂"，邀请首批青少年"护线爱鸟"志愿者参加活动，同时面向全市青少年发布了"保护东方白鹳 共建美丽高邮"的征文通知

护人联系方式等信息，为社会公众保护东方白鹳提供专业指导，同时对东方白鹳的生活习性、筑巢时间都进行了记录，为做好保护工作提供了有价值的资料。随着"护线爱鸟"工作的不断推进、"鹳驿站"志愿服务的逐步开展，越来越多的志愿者和爱心人士加入了志愿服务队，并通过形式多样的志愿服务，为保护东方白鹳贡献自己的力量。

**(5)科学探索"护线爱鸟"的创新举措。**根据对东方白鹳生活习性的研究，针对目前采用护鸟挡板不能完全杜绝东方白鹳引起线路故障的问题，国网高邮市供电公司常态化组织专家学者、爱鸟人士、高校团队进行"头脑风暴"，结合杉木引鸟、固化鸟巢等经验进行举措优化与创新，力争让东方白鹳能够在高邮这片土地上与电网和谐共生。

### 丰富活动形式，根植生物多样性保护理念

东方白鹳通常在偏远的高压输电铁塔上筑巢，远离城市和居民，国网高邮市供电公司以组织文化宣讲、开展主题活动等形式引导社会公众主动参与到保护东方白鹳的项目中。

**(1)文化宣讲，传播生物多样性理念。**国网高邮市供电公司发挥"邮益思"文化宣讲队的力量，组织采写发生在东方白鹳与人类之间的微故事，在城市以及各乡镇开展文化宣讲，向社会传递保护东方白鹳的理念和方法，创造生态保护的文化氛围。

**(2)主题活动激发公众兴趣。**联合各利益相关方开展以观鸟为主题面向全社会的摄影活动、以爱鸟为主题面向全市中小学生的征文活动等，提高社会公众对保护东方白鹳的关注度，激发公众兴趣。通过全方位的媒体宣传，向社会传递保护东方白鹳的价值理念，创造生物多样性保护的文化氛围，使更多社会人士因此参与到了东方白鹳保护的具体行动中。

**(3)联合知名品牌挖掘文化元素。**通过与国网江苏电力"电力橙"品牌、动物保护主题设计品牌"天朝动物"合作，推出以东方白鹳元素为设计理念的联名款文化衫，以及以电网废弃材料为原料制作的东方白鹳形象雕塑，采用线上传播、线下活动等形式进行发布和销售，吸引更多年轻人关注东方白鹳和电网的故事，传达其背后的生态共存理念。

**(4)开设公益基金账户助推保护升级。**对接高邮市社会公益组织开设保护东方白鹳的专用基金，专注于东方白鹳的救助、保护及研究工作，打造保护东方白鹳的可持续发展模式。

### 多重价值

#### "护线爱鸟"安全工作效果显著

2021年高邮境内新搭建了10个人工鸟巢，并且在大昌村安装了隐形摄像机。通过技

术和管理手段的不断更新，进一步优化线路保护措施，使因东方白鹳或其他鸟类导致的线路跳闸率下降了 90% 以上，不仅为东方白鹳提供了良好的生活环境，也有效降低了东方白鹳对电网运行的不良影响。

### 东方白鹳栖息地的生态价值显现

一方面，东方白鹳数量持续增长，近年来，每年都有超过 15 对东方白鹳在高邮地区高压铁塔上筑巢、产卵、孵化，每窝有 3~5 只东方白鹳出生，种群数量已超过 200 只。在全球栖息地的消失和退化的大背景下，东方白鹳在高邮的数量不降反升，成为生物多样性保护的"高邮样本"。另一方面，公众的生物多样性意识增强，高邮当地政府及社会公众更加重视对自然生态环境和鸟类等野生动物的保护，不断优化东方白鹳栖息地的生态环境，不但吸引了更多东方白鹳在高邮地区安家，而且增强了社会各界对野生动物保护的责任意识。

### "护线爱鸟"社会价值凸显

"护线爱鸟"项目已经成为高邮政府、机关单位、企事业单位以及社会公众保护野生鸟类的典型样本，经过多方的不懈努力，在不断的探索中，国网高邮市供电公司形成了一套成熟的"护线爱鸟"保护体系，确保了"护线爱鸟"项目稳定、持续发展。同时，国网高邮市供电公司充分发掘利用东方白鹳生态价值，践行"绿色＋旅游"的发展理念，打造高邮城市生态名片。此项目的实施，向社会各界传递了野生动物与电网和谐并存的价值理念，并不断深化国家电网公司履行社会责任的品牌形象，实现了良好的社会价值。

## 未来展望

当下，气候变化、生物多样性丧失和社会问题等日益成为企业和整个社会的核心议题。在不断加强生物多样性保护的背景下，我们将在生物多样性保护和生态文明建设上持续发力，建立长效的东方白鹳保护机制。同时，我们也意识到东方白鹳生物多样性保护还有很长的路要走，需要社会各方共同努力加以实现。鉴于此，我们将继续做好保护生物多样性方面的工作，制定相应的管理措施及目标，并适时进行调整，以期实现项目可持续发展。

### 采取更加多样性的保护措施

吸引更多专家和社会力量加入到项目中来，通过塑造生态栖息地，为东方白鹳提供生态良好、资源充沛、栖息安全的迁徙驿站，努力成为我国东方白鹳栖息地保护的典范。

### 建立长效机制

统筹推进东方白鹳研究保护、教育科普、生态旅游等工作，尊重自然、顺应自然、保护自然，努力实现生态美、产业绿、百姓富。建立东方白鹳保护长效机制，形成基于自然的解决方案，为推动我国生物多样性做出贡献。

### 推动绿色发展，绘就"人鸟和谐图"

进一步扩大保护东方白鹳项目的社会影响力，推动生物多样性保护工作发展，打造江淮生态大走廊高邮名片，践行"绿色＋旅游"发展理念，助力绿色生态乡村发展之路。同时，建立融标本展示、临时救护、学术交流为一体的东方白鹳科普知识展区和救助区，为社会公众提供认识了解东方白鹳的平台，引导社会各界参与到保护东方白鹳的行动中来。

## 三、专家点评

作为候鸟的东方白鹳为什么会变成留鸟？这得益于良好的生态环境提供了充足的鱼虾类食物，政府、企业、民众的合力保护，社会各界及时周到的救助这三大因素。高邮的经验做法值得在国网系统甚至在全国进行推广。

——中国生物多样性保护与绿色发展基金会研究室主任　杨晓红

**低碳发展**

### 国网冀北张家口风光储输新能源有限公司

# 打造低碳"源"端典范
# 引领新能源健康发展

## 一、基本情况

### 公司简介

张家口风光储输新能源有限公司（以下简称风光储公司）是国网冀北电力有限公司下辖的全资子公司，负责国家风光储输示范工程（以下简称示范工程）建设与运营。示范工程位于国家九大千万千瓦级风电基地之一的河北张家口坝上地区，是财政部、科技部、国家能源局及国家电网公司联合推出的首个"金太阳示范工程"重点项目、国家科技支撑计划重大项目、河北省重点产业支撑项目、国家电网公司坚强智能电网首批试点工程。

示范工程肩负着破解大规模新能源集中并网、集成应用难题的神圣使命，采用世界首创的风光储输联合发电技术路线，攻克了从科研理论到工程应用的多个难关，以新能源联合运行、调度管理等要素为核心的多轮驱动已取得重大原始性突破，采用了30余项前瞻性新技术、囊括了186台（套）具有自主知识产权高新设备，显著推进了风机、光伏、储能产业优化升级，形成了由设计规划起步，到专项研究、基础建设搭建，直至运营管理护航等配套完善的新能源综合性、一揽子方案，成功实现了"风光互补、储能调节、智能输出、友好可控"，破解了大规模新能源集中并网、集成应用的世界性难题。

示范工程先后荣获国家优质投资项目特别奖、第四届中国工业大奖、全国质量奖卓越项目奖、国家优质工程金质奖等奖项，风光储公司先后荣获全国五一劳动奖状、第六届全国文明单位等。

## 行动概要

为破解我国新能源大规模开发面临的技术"瓶颈"，国家电网公司把握新能源发展趋势，采用世界首创风光储输联合发电技术路线，自主设计建造集"风力发电、光伏发电、储能系统、智能输电"于一身的新能源综合性示范项目——国家风光储输示范工程。示范工程位于风、光资源丰富的河北省坝上地区，是国家批复的千万千瓦级风电基地，但当地负荷量较小，必须通过高电压、远距离输电送至京津唐电网负荷中心，具备我国新能源开发利用的基本特征，在破解电网接纳大规模新能源技术难题上具有典型性和代表性。工程由风光储公司运营，突破了大规模新能源消纳等一系列关键技术，验证了储能在新能源发电系统中的作用，提升了我国新能源发电装备水平和质量，建成了可再生能源示范区能源大数据中心，牵头成立可再生能源产业促进会、新能源产业技术创新战略联盟，形成了"数字经济＋产业联盟"的能源互联网创新生态，从而构建以新能源为主体的新型电力系统提供源端方案，促进我国新能源产业健康、有序、高速发展，助力"碳达峰、碳中和"目标稳步落地。

# 二、案例主体内容

## 背景／问题

能源是经济社会的"血液"，化石能源大规模开发利用造成的能源紧缺、环境污染、气候变化问题日趋严重，面对有效供给和环境资源要素的多重考量，推动能源消费方式转变，构建安全、稳定、经济、清洁、可持续的能源供应体系，加快发展风能、太阳能等新能源，成为全球关注的重点方向。以风能、太阳能为主体的绿色低碳能源，已成为我国多轮驱动能源供应体系的重要组成部分。风能和太阳能发电具有波动性、随机性及间歇性，在电力系统中集中体现为预测难、调度难、控制难，导致新能源发电难以送出，弃风弃光问题严重，成为制约新能源大规模集中开发的突出问题。在大规模开发利用新能源背景下，如何将新能源电能安全、可靠地接入电网成为亟须解决的技术难题。尽管我国新能源产业发展规模居于世界前列，但"大而不强"、核心技术缺失、配套政策不足等因素依然严重地阻碍着行业的健康发展。

## 行动方案

为破解我国新能源大规模开发面临的技术"瓶颈",促进新能源技术及产业健康持续发展,国家电网公司经过审慎研究和反复论证后果断决策,下大力气解决制约新能源发展的世界性难题。肩负着这一使命,国家风光储输示范工程在风能、太阳能资源富集的冀北地区应运而生。示范工程是由国家电网公司采用世界首创风光储输联合发电技术路线,自主设计建造的全球规模最大、综合利用水平最高的新能源综合性示范项目。工程集"风力发电、光伏发电、储能系统、智能输电"于一身,突破了多项新能源发电技术难题,在应用基础研究领域取得了多项原创性成果。

国家风光储输示范工程航拍图

**开创储能规模化应用先河**。验证了储能与新能源联合发电的技术可行性,在储能未有商业运作模式的背景下,为储能在电力系统的规模化应用指明了发展方向。集成了不同厂家、不同功能、不同用途、不同容量单体电池、不同单体电气连接的总计27.5万节磷酸铁锂电池及大容量液流电池等,是目前世界上规模最大的多类型化学储能电站。在电力储能应用领域在国内尚属空白的情况下,自主开发分层耦合实时控制系统,国内首次实现数十兆瓦级电池储能电站的统一接入、整体调控,满足储能装置集群实时快速控制与数十万储能电池的状态监测要求，实现了 5 类、共 30 多万节电池的系统集成与协调管理，响应时间小于 900 毫秒，出力误差小于 1.5%，填补了国内空白，并居国际领先水平。风光储公司二期储能工程入围国家能源局首批科技创新（储能）试点示范项目。

**自主创新打破技术壁垒。**促进了国内新能源装备在技术路线、产品设计、材料工艺等环节的转型升级，成功打破国外技术垄断，实现了从依赖进口到自主可控的跨越。建成国内首个智能源网友好型风电场，风机应用范围覆盖 6 种陆上主流机型，首次应用国内陆上单机容量最大的 5 兆瓦直驱风机，在国内首次实现直驱、双馈型风机高电压穿越技术工程化应用，引领风电技术发展；建成国内最大的多类型并网光伏电站，集国内主流的 5 种光伏组件及 4 种支架跟踪形式于一体，实现了 22 类首台首套设备成功示范应用，多角度、全方位地开展技术经济比较。开发了以强实时、多变量、网络化为特征的大规模储能电站能量管理综合控制系统以及多种高级应用软件，解决了大规模电池储能电站协调控制和能量管理的关键问题，国际首次在同一电站内实现了平滑风光功率输出、跟踪计划发电、参与系统调频、削峰填谷、暂态有功出力紧急响应、暂态电压紧急支撑等多种高级应用功能，解决了风电、光伏发电不确定性引发的电力系统调峰问题、安全问题。

**实现低碳源网协调发展。**明确了电网支撑大规模新能源消纳的平台作用，通过应用多能互补集成优化和协调控制技术，不断丰富新能源的多场景典型应用。采用世界首创

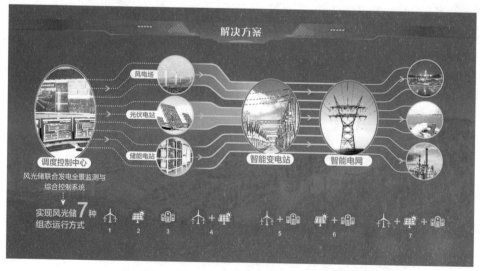

风光储 7 种组态破解大规模新能源集中并网"瓶颈"

风光储输"四位一体"联合发电控制和调度模式,比单一的风电、光伏发电可控性明显增强,在平抑电网波动、跟踪调度计划发电曲线、削峰填谷等方面有很好的调节作用,发电出力10分钟平均波动率由30%降至小于5%,建成世界首个具备虚拟同步机功能的新能源电站,国内首次实现了新能源场站助力电网调频功能,一次调频响应时间小于 5 秒,电压合格率提升 5%,有效提升了新能源发电设备并网友好性和主动支撑电网的能力。研发国内首个多尺度、全天候、高精度风光联合功率预测系统,首次使用云成像、混合数据同化等技术,实现风光联合功率预测偏差小于 10%。

**引领新能源产业健康发展。**构建以新能源为主体的新型电力系统提供源端方案,引领我国新能源产业健康、有序、高速发展,助力"碳达峰碳中和"目标稳步落地。建设可再生能源示范区能源大数据中心,牵头成立可再生能源产业促进会、新能源产业技术创新战略联盟,形成"数字经济 + 产业联盟"的能源互联网创新生态,打造示范区的管理支撑、技术支撑、服务支撑和价值创造的智库平台,提供可再生能源科学发展方案。自示范工程投运以来,得到了国家领导、专家及国际同行的高度关注,成为展示国家形象的亮丽名片。通过示范工程发起成立了由我国主导的 IEC 大容量可再生能源接入电网技术委员会,发布了《大容量可再生能源并网及大容量储能接入电网》等三部 IEC 技术白皮书,大幅提升了我国在国际新能源领域的影响力和话语权。

张家口可再生能源大数据中心

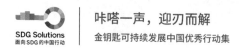
作为项目承担单位，风光储公司牢牢把握"绿色中国、领跑世界、造福人类"核心要义，突破了大规模新能源消纳等一系列关键技术，对于促进我国新能源产业健康、有序、高速发展，推动我国能源转型具有重要的意义。

## 多重价值

**行业价值：** 推动了我国新能源产业链的完善和发展，体现了"大国重器"的责任担当。以金风、比亚迪为代表的 52 家新能源企业的一系列产品出口世界 33 个国家，带动了中国制造和中国服务"走出去"。充分发挥了新能源发电自主化技术研发平台和装备验证平台作用，应用具有自主知识产权的各类高新设备 186 台，国产化率达到了 99%，为我国新能源装备企业在技术路线选择、产品设计、材料工艺等研发制造环节提供了试验和验证平台，并通过示范工程优化升级，提升了高端产品和关键设备研制能力，成功打破国外垄断。建成新能源检测试验基地，风电机组试验检测能力、储能系统并网特性检测能力等达到了国际领先水平，并与国际认证机构完成资质互认，推动了我国新能源产业链的完善和发展。

**科技价值：** 开启储能规模化应用先河，建成世界首个具备虚拟同步发电机功能的新能源电站。全面验证风光储输联合发电运行模式，国内最大的网源友好型风电场、光伏电站发电出力平稳，总体达到了常规火电水平，破解了大规模新能源集中并网技术"瓶颈"。成功建立了完整的风光储输联合发电核心技术体系，发布了《大容量可再生能源并网及大容量储能接入电网》等三部技术白皮书，取得国际标准 1 项、国家标准 13 项、行业标准 21 项，确立了我国在新能源领域的话语权。

**社会价值：** 提供了可再生能源科学发展方案，引领我国新能源产业发展，助力"碳达峰、碳中和"目标稳步落地。国际电工委员会（IEC）将"大容量可再生能源并网及大容量储能接入电网"分技术委员会秘书处设在风光储公司。依托工程对 15 国开展国际技术援助，助力全球能源结构转型进程，服务联合国气候行动可持续发展目标。来自美国、德国等 60 余个国家，国际大电网、国际能源署等 28 个国际组织的 1000 多位专家先后来此进行参观考察。工程是我国坚定支持和落实《巴黎气候协议》的实际举措，有力推动了我国新能源行业的快速发展，展现了积极应对气候变化的负责任大国形象。

**生态价值：** 2012 年 9 月，国家风光储输示范工程清洁发展机制（CDM）项目通过了联合国执行委员会的审核并正式注册成功。截至 2022 年 7 月，已累计输出超过 88 亿千瓦时优质绿色电能,可服务 1075 万人口的用电需求。节约标准煤 352 万吨,减少排放二氧化碳 877 万吨,实现了能源生产与生态环境可持续发展。

### 未来展望

"双碳"目标的提出,为能源发展指明了方向,在追求绿色、可持续发展的全球大背景下,新能源发电成为清洁低碳发展的"金钥匙"。

**未来的示范工程将更兼具"智慧"与"绿色"的属性。**随着大云物移智等先进的技术发展,赋予了示范工程数字化、网络化、智能化的新使命。作为服务清洁能源发展、助推能源体系加快向清洁低碳转型的国家级示范工程的运营单位,风光储公司以支撑"国家可再生能源示范区"建设为重点,依托张家口可再生能源示范区能源大数据中心,积极探索能源互联网新产业、新业态、新模式,全面打造示范区"新能源 + 数据平台"产业发展新样板,携手各方努力形成"数字经济 + 产业联盟"的能源互联网创新生态,推进形成服务可再生能源发展的创新平台,将有效带动行业上下游产业链共同发展。

**未来的示范工程将更兼具"示范"与"推广"的属性。**作为国内最大的新能源联合发电项目,在获得多项国家级、省部级奖项同时,示范工程运营经验、成果已经为外界所借鉴,推广应用于国内多个新能源联合发电示范工程,提升了新能源电力接入电网的品质,减少了弃风弃光情况;形成的电池储能管理技术、大容量成组和系统集成方法及相关技术规范已成为我国储能电池、储能变流器及储能监控等产品研发和生产的重要支撑,以比亚迪为代表的多家新能源电池储能制造企业,陆续应用投产了一系列储能产品,开启了我国电池储能产业先河;相关技术与管理模式已在福建湄洲岛、辽宁卧牛石等地的新能源场站得到广泛推广应用。在"双碳"目标背景下,传统能源的逐步退出要建立在新能源安全可靠的替代基础上,能源供应技术向绿色、低碳、多元化发展。作为新能源发电的"样板间"、能源互联网"双创"的"示范园"、新型电力系统构建的"试验场",示范工程在前期破解大规模新能源集中并网瓶颈的基础上,将更加具有示范和推广效应,持续引领新能源可持续发展。

## 三、专家点评

联合国前副秘书长、世界可持续发展大会秘书长沙祖康指出:示范工程建设成果来之不易、令人震撼,显示了中国作为发展中大国在加强可再生能源综合利用、推进生态文

明建设中的态度与作为。

时任国际电工委员会 IEC 主席乌赫勒考察国家风光储输示范工程时，称赞示范工程"令人震撼、世界领先，是上帝的工程"。

杜祥琬、顾国彪、韩英铎、黄其励等 20 余位院士对示范项目给予了高度评价：项目是破解大规模新能源并网瓶颈的重大举措，技术可行，在风光储联合发电控制系统的综合功能配置等方面具有国际领先水平，意义重大，将成为新能源建设的里程碑。

**低碳发展**

施耐德电气
# 打造零碳工厂, 赋能净零供应链

## 一、基本情况

### 公司简介

施耐德电气是能源管理和自动化领域数字化转型的专家, 业务遍及全球 100 多个国家和地区, 为客户提供解决方案以实现高效和可持续发展。施耐德电气的宗旨是赋能所有人最大化利用能源和资源, 推动人类进步与可持续的共同发展, 我们称之为 Life Is On。

施耐德电气植根中国 35 年, 中国已成为其全球第二大市场, 业务足迹遍布 300 多个城市。在中国, 施耐德电气拥有约 17000 名员工、1 个位于北京的中国区总部、11 个分公司、37 个办事处、1100 多家分销商、23 家工厂、7 个物流中心、4 个研发中心、1600 多家本地供应商。

### 行动概要

实现人类可持续发展, 是全球面临的共同课题。在应对气候变化这一议题上, 中国承诺力争 2030 年前实现碳达峰、2060 年前实现碳中和, 全社会的各行各业均加快了碳减排的步伐。

施耐德电气将可持续发展作为企业战略核心, 立志从自身运营、供应链上游和赋能客户三个维度, 全面介入产业链碳减排工作, 为产业链碳中和做出贡献。

在自身运营维度, 自 2005 年起, 施耐德电气即推出量化评估体系, 以衡量自身在践行可持续发展承诺方面的表现, 每季度对外公布。

2021 年 1 月，施耐德电气发布了全新的"可持续发展影响指数 (SSI) 计划"，做出了一系列承诺，将减排范围从自身向整个价值链拓展，从而加速产业链可持续发展进程：

- 到 2025 年，在公司运营层面实现碳中和 (含碳抵消)
- 到 2030 年，在公司运营层面实现净零碳排放 (不含碳抵消)
- 到 2040 年，整体产业链端对端实现碳中和 (含碳抵消)
- 到 2050 年，在公司供应链运营层面实现净零碳排放 (不含碳抵消)

在赋能客户维度，施耐德电气充分赋能客户，在提供绿色硬件、能源自动化软件系统和行业解决咨询方案几个方面，协助越来越多的客户实现能源的高效运转、大步迈入低碳运行模式。施耐德电气将可持续发展的理念根植每一个产品和服务中，与客户共同携手，推动碳中和。

# 二、案例主体内容

## 背景 / 问题

随着气候变化的影响越来越大，全球越来越多的企业和政策制定者意识到，采取行动积极应对气候变化是唯一的出路。目前全球气候较工业化之前已经上升 1.2℃，为了实现将全球升温控制在 1.5°C 之内的目标，必须采取关键性的脱碳措施，在下一个十年间将碳排放量减少 30%~50%，并进一步加快减排过程。

如何在保障运营的情况下，科学实现低碳目标？

## 行动方案

施耐德电气持续对低碳运营问题进行研究，在能源效率方面，施耐德电气在推进高度电气化的同时，大力部署成熟的数字化技术，为实现净零碳排放节约了大量时间成本，通过布置该技术组合的解决方案，帮助建筑中心、工业和基础设施进入低碳运营模式。

为实践这一技术组合的效能，施耐德电气在全球范围内启动了"零碳工厂计划"，计划于 2021~2025 年建成 150 家零碳工厂，为绿能替代、能效提升、低碳运营做出示范。同时，结合循环包装、生物多样性等项目，实现可持续发展中期目标。

### 从源头开始

施耐德电气各工厂注重从源头减排，着力提升分布式能源在工厂中用能的占比。

截至 2022 年 3 月，施耐德电气共计在 19 个中国工厂部署太阳能光伏项目，较

2017 年预计减少二氧化碳排放量达 20382 吨，为推动电气产业链低碳发展做出了巨大的贡献。

其中，施耐德（北京）中低压电器有限公司是目前施耐德电气在中国最大的光伏项目基地，装机容量达 2400 千瓦，实现绿色能源供给占

施耐德电气北京工厂

全厂能源使用的 30%，每年可减少约 1617 吨碳排放。同时，在全国碳排放权交易市场中购买林业碳汇，通过经核证的二氧化碳减排量完成碳抵消，经中国船级社质量认证公司认可，获得了碳中和证书，成为施耐德电气在中国第一家"碳中和"工厂。

除了碳汇购买外，多家工厂通过绿色电力交易直接购买清洁能源，成为零碳工厂。2021 年 9 月 7 日，全国绿色电力交易试点启动。施耐德电气作为首批参与绿色电力交易试点的企业参与其中，涉及上海 5 家工厂及物流中心：上海施耐德低压终端有限公司、上海施耐德工业控制有限公司、上海施耐德配电电器有限公司、施耐德（上海）电器部件制造有限公司、施耐德电气（中国）有限公司上海物流中心。通过这次绿电交易，覆盖了施耐德电气上海 5 家工厂及物流中心 2022 年度的 88% 用电量，共计 1676 万千瓦·时。交易完成后，这 5 家工厂及物流中心将提前实现 2022 年净零碳排放的目标。

**辅以数字化技术**

施耐德电气积极通过自身独有的能源解决方案（EcoStruxure）优化能源效率，抓住每一点滴的节能和增效潜力，"多管齐下"地降低碳足迹。例如，施耐德电气无锡工厂是施耐德电气中国 14 家零碳工厂之一，在这家工厂的零碳路径中，综合了多种施耐德电气的数字化技术手段，包括：

● 采用了工业物联网的三层架构，即 EcoStruxure 能效管理系统来搭建整体减碳方案。底层是互联互通的产品，在边缘控制层安装了施耐德自主研发的电能监控专家（Power Monitoring Expert）和楼宇能效管理平台（EcoStruxure Building Operation），分别实现对工厂能耗的实时监控以及对各种厂务设施的节能自动化控制，

施耐德电气无锡工厂外部

施耐德电气无锡工厂内部

从而达到最低能耗。在云端配备专业服务的电能顾问（Power Advisor），在云端对本地收集到的电能数据进行深度分析，发现潜在的问题，并提供解决方案来确保整体的电力系统的稳定性和可靠性。

● 在工厂运维的设计阶段和运营阶段，结合 Digital Twin 数字孪生技术，让 EcoStruxure 能效管理系统可以更优化的流程减少能耗。

● 随着业务增长，施耐德电气无锡工厂已经展开了微电网系统搭建的调研，以期让用电量进一步均衡化，在不扩展电力容量的前提下，协同供电端波峰波谷的自动调节储能、太阳能，以及用电端的楼宇能效管理平台，进一步优化整个园区供电和用电的最低匹配，实现更进一步的减碳。

施耐德电气将这些数字化创新技术充分运用于自身生产运营，在过去两年内，施耐德电气中国工厂的能效提高了 9.9%，单在 2021 年就通过 84 个节能项目总计节约电力 5815 千瓦·时，减少了 6063 吨二氧化碳排放。

### 持续改进包装

施耐德电气通过绿色包装轻量化转型策略，逐渐实现可持续、可循环包装。例如智慧物流中心通过预包装算法，实现拣配任务优化和客户订单整合，纸箱使用数量和包材成本下降了40%，通过更少的包装材料使用、更少的运输资源使用、更高的操作效率实现了最佳物流包装。同时包装材料绿色化轻量化，使用来自可再生和被认证的材料，减少环保性差的漂白工艺。另外，优化托盘包装方式，重复使用托盘和护角，增加包装回收率。辅以电子化箱单，发货标签增加二维码，客户使用移动设备扫描任何一箱标签的二维码即可获取电子箱单信息，易于清点复核，并支持电子收货报告发送，节省纸张、塑料袋和包装成本。

施耐德电气宝鸡工厂轻量包装项目 ——实施前    施耐德电气宝鸡工厂轻量包装项目——实施后

### 生物多样性活动

可持续发展是施耐德电气发展战略的核心，而生物多样性是可持续发展的关键支柱，生物多样性丧失是一个极其令人担忧的问题，被世界经济论坛列为未来十年第二大最具影响力的风险（仅次于气候变化）。施耐德电气是第一家使用 CDC Biodiversité 开发的开创性全球生物多样性评分方法进行端到端生物多样性足迹评估的公司，并优先采取行动，减少整个价值链的温室气体排放。施耐德电气鼓励员工积极参与工厂生物多样性活动，包括办公室、食堂的一次性塑料禁令活动，净滩活动，植树活动，鸟屋、流浪猫屋建立活动等，将可持续发展的理念传递给每一位员工。

施耐德电气天津工厂植树活动    施耐德电气上海工厂流浪猫屋

### 多重价值

在产品与服务上，施耐德电气提供自主研发、生产的互联互通的绿色硬件产品，并重视自主研发能源软件平台，如电能监控专家、楼宇能效管理平台、电能顾问、微电网等，来帮助自身运营实体和相关客户实现净零排放。

总结施耐德电气的可持续发展路径，首先在自身运营层面推广、复制，实现净零；在此基础上，使可持续发展战略涵盖整个价值链，将客户、合作伙伴、供应链上下游的供应商、分销商，以及员工、大众、新生代人才等每个环节的生态伙伴都纳入考虑，并有针对性地制定量化指标。通过这些战略性指标，着力推动产业链的全面碳中和，深度诠释可持续发展。

### 未来展望

对于供应链上的各方而言，碳中和目标将在能效、清洁能源比例、循环经济、绿色采购等方面提出新的要求。强化第三方供应商评估，进行绿色采购，供应商的碳排放水平会影响施耐德电气采购选择。针对供应链上大量的中小企业，施耐德电气将加强对供应商的绿色培训，帮助上游企业实现绿色转型。

此外，在构建可持续发展生态系统、以身作则的同时，将可持续发展融入方案、二次赋能客户，即面向社会企业提供整体减碳绿色可持续发展方案。

得益于项目的高兼容性、友好性和安全性（同时满足 ISO 50001 能源管理体系的要求，以及通过了 TUV 的网络安全认证），在中国市场，目前已经有 808 家覆盖各行各业的客户使用了施耐德电气提供的可持续减碳咨询方案。

## 三、专家点评

施耐德电气在可持续发展领域成绩卓著，多年来我们互利合作，共同构建可持续发展生态圈。2021 年，施耐德电气启动的"零碳计划"非常有意义，在积极推进自身运行层面净零排放的基础上，使可持续发展战略涵盖整个供应链，推动上下游供应商及客户等各个环节的生态活动进行脱碳行动，积极参与到国家的"双碳"目标建设和实施中。我们赞赏并积极参与"零碳计划"，科思创将与施耐德电气协同创新，共担使命。

**——科思创工程塑料事业部全球总裁　王丽**

南方物流与施耐德电气是多年的上下游合作伙伴，主要是基于两家公司在可持续发展上的共识和协同。在可持续发展呈现加速度的形势下，在国家提出"双碳"目标的背景下，施耐德电气在已有的成就上，再次确立新的可持续发展目标，启动针对供应商减碳行动的"零碳计划"。这对于全社会、经济领域的系统性减碳，构建良好的生态圈具有重要的意义，我们为此非常认同，该行动与南方物流的绿色低碳发展理念不谋而合。我们将继续深化低碳领域的合作，共同推动可持续发展。

——**南方物流集团董事长　官金仙**

**低碳发展**

国网连云港供电公司

# 智能微电网实现海岛能源绿色低碳转型

可持续发展
**图标**

## 一、基本情况

### 公司简介

国网连云港供电公司(以下简称连云港公司)成立于 1976 年,隶属国网江苏省电力有限公司,从事境内电网建设运营和电力销售服务。连云港公司现有职能部室 14 个、业务支撑和实施机构 15 个,下辖赣榆、东海、灌云、灌南 4 个区县供电企业,全口径用工 4446 人,服务全市 224 万用电客户。截至 2022 年 4 月,连云港电网现有 35 千伏及以上变电站 163 座,10 千伏及以上线路长度 2.67 万千米,形成了以 4 座 500 千伏变电站为支撑,5 片 220 千伏双环网运行的坚强主网架。连云港公司先后获得了全国文明单位、全国"安康杯"竞赛活动优胜企业(连续十年)、全国五一劳动奖章、全国客户满意服务单位、全国学习型组织先进单位、全国优秀志愿服务组织、江苏制造突出贡献奖先进单位等荣誉。

### 行动概要

为了满足海岛日益增长的用电需求,让海岛用户有稳定、充足、可持续的电源供应,国网连云港供电公司联合地方政府和科研院所,在全市海域所有有人居住的岛屿上,合作建设以新能源为主体的离岸型智能海岛微电网。

智能海岛微电网充分利用风能、太阳能等自然资源，以交直流混合智能微电网为支撑，多种能源协同互补利用，实现各岛屿各个电源点和用电设备之间互联互通。在不同的天气条件下、不同的用电区域之间，电能可以互济互补，保证能源充足可靠。

## 二、案例主体内容

### 背景 / 问题

连云港公司承担着为连云港经济发展提供安全、优质、清洁、经济能源供应的重要使命。江苏沿海有 26 个海岛，连云港境内就有 21 个。其中，车牛山岛、平山岛、达山岛、秦山岛、开山岛、连岛、鸽岛、竹岛被江苏省定位为旅游型海岛。这些海岛有时代楷模、守岛民兵、海岛居民等不同客户，普遍存在用电用水难题，用能极不稳定。多数海岛及其周围拥有丰富的风、光、波浪等自然资源，充分利用海岛这些自然资源，通过构建岛屿综合能源体系，特别是发展多种可再生能源发电的海岛电网，一方面可以解决海岛居民的能源问题，满足其对美好生活的向往；另一方面对保护海洋环境、促进节能减排也具有重大的战略意义。

开山岛智能微电网大风车建成投运

## 行动方案

连云港公司守正创新勇担当，强基攀高展作为，继续开展交直流混合智能海岛微电网研究，深化高可靠性风、光、储供电系统应用，形成特色全域海岛微电网，打造综合能源建设典范。基于公司年度重要战略目标，各部门联合研究沿海岛屿高品质用能技术，从海岛电网的调研、规划、建设、运维全过程的各个环节着手，构建岛屿综合能源体系，形成具有连云港特色的海岛电网供能新模式，为全国所有"高海边无"地区提供实践样板。

### 深入开展调研，掌握"三个现状"

现状调研是岛屿综合能源体系建设的起点，也是开展微电网规划的依据。连云港公司高度重视前期调研工作，按小组制定海岛微电网项目调研问题清单表，先后调研了连云港管辖范围内21座海岛，重点针对9座旅游型海岛，即赣榆区的秦山岛，灌云县的开山岛，以及连云区的连岛、鸽岛、竹岛、羊山岛、车牛山岛、平山岛和达山岛，登岛实地调研，掌握岛上用能现状，并与政府、部队充分对接，了解政府和部队对于连云港境内海岛的发展规划，便于开展详细的规划设计。

**(1)客户需求现状。**一是调研海岛用能现状。对接沟通守岛民兵和客户，摸排海岛居民人数和电器使用情况，按照季节、月、日不同的时间尺度，了解岛上用能情况和用能需求，掌握目前用电、用水存在的问题，形成第一手资料。二是取得岛屿发展规划。与地方政府、部队进行充分对接，取得地方政府对于管辖范围内岛屿的远景发展规划及在此基础上的电力需求，掌握部队对于部分所辖岛屿房屋的修缮计划，作为海岛微电网规划设计蓝本。三是签订战略合作协议。根据客户用能需求和岛屿发展规划，与政府、部队、企业等共同协商讨论，签订战略合作协议，确定建设模式，包括公司捐建、军民共建、政企合建等，共同推进海岛微电网建设，构建全海域综合能源体系。

**(2)海岛环境现状。**一是确定海岛用能类型。沿海岛屿用能主要分为并网型和离网型两种，并网型为距离陆地较近岛屿，海岛电网与陆地电网相连，通过架空线路或海底电缆供电；离网型为距离陆地较远岛屿，供电与陆地电网不相连，通过风电、光伏等清洁能源配备储能设备实现岛屿能源系统自给自足。连云港公司通过详细的调研分析和经济性比选，秦山岛、连岛、羊山岛宜采用并网方式供电，其余6座岛屿宜采用离网方式供电。二是调研海岛能源禀赋。与地方自然资源部门对接,取得海岛地区风速、光照、波浪等自然资源的历史数据,同时以地区光伏电站和风电场年度运行数据为参考,综合确定风、光资源的年利用小时数,充分考虑多种能源协同互补利用的可行性。三是掌握海岛规划边界。对接政府和部队,了解

智能微电网接地线敷设入海

海岛旅游开发对环境的要求,岛屿综合能源系统建设确保与海岛规划有机融合。掌握岛上房屋的改造边界条件,因为沿海岛屿在 20 世纪 80 年代以前多为驻军岛屿,目前岛上营房由部队管辖,部队对岛上房屋外观有严格要求。因此,连云港公司在微电网建设过程中,严格避免光伏安装或部分土建工程对岛上营房外观的破坏。另外,连云港公司详细排查了海岛已有设施的部署情况,如雷达、航标、控制测量点等,按照相关法律条文,在连续运行参考站、国家测绘标志、大地控制点等永久性测量标志的 50 米范围内禁止建设风机,因此在风机选点方案中需要重点考虑。

**(3)技术发展现状。**一是与科研院所多方联动。充分发挥外部专家团队的支撑力量,连云港公司先后组织团队赴中国电科院、江苏电科院、南瑞继保、东南大学、广东能源所等 20 余个科研院所调研参观,掌握新能源微电网发展最新成果,组织专家召开专题研讨会,制定微电网规划设计总体技术路线。二是参观考察示范项目。在总体技术路线的基础上,连云港公司联合攻关团队详细调研国内外已有项目建设情况,包括浙江、广东、山东等地区早期已投运的海岛微电网以及南瑞继保产业园微电网、珠海万山岛波浪能发电系统等,分析现有系统的优缺点,并结合技术发展现状制订优化提升方案。

### 开展全域规划,定制"三种方案"

根据不同岛屿的用能需求、资源禀赋和发展规划,连云港公司开展了全域海岛综合能源系统专项规划,按照安全简易、创新示范和高效控制,细分为三个不同功能属性的海岛。在充分调研的基础上,差异化开展不同属性海岛的规划设计工作。如表 1 所示。

表1　不同属性海岛规划

| 方案 | 规划原则 | 规划要点 | 岛屿示例 |
|---|---|---|---|
| 方案一 | 安全可靠、简单易行 | 消防安全、多能互补、冗余设计 | 开山岛、达山岛 |
| 方案二 | 绿色发展、创新示范 | 综合能源应用、创新成果实践落地 | 连岛、秦山岛、羊山岛、鸽岛、竹岛 |
| 方案三 | 保障供给、高效控制 | 柔性负荷应用，高度自动化 | 车牛山岛、平山岛 |

**（1）安全简易方案。**以"安全可靠、简单易行"为原则，定位为红色教育基地，代表具有悠久历史、示范传播意义较大的岛屿。以开山岛为例，因有时代楷模王继才、王仕花夫妇在开山岛为国守岛32年的先进事迹，该岛是江苏省乃至全国有影响力的党性教育基地、国防教育基地和爱国主义教育基地。该类岛屿上岛学习和调研参观人员较多，经常举办重要活动，对供电消防安全、用电安全和运行安全要求较高，为构建海岛综合能源系统，海岛微电网建设应以安全可靠、简单易行为主。连云港公司为了保障消防安全，一是在储能设备选型上，采用铅碳电池代替活性更高的锂电池，以减少单位空间储能容量的代价提升海岛消防安全。二是在消防安全的设计上，采用消防电气连锁，设置感温、感烟传感器和吸顶式干粉灭火器等，保障无人值守情况下能够快速隔离火源，避免事故扩大。为了保障海岛居民用电安全，考虑到外海岛屿以岩石为主，无有效接地体，因此海岛微电网规划设计制订了详细的接地方案并经过严格论证。为了保障系统运行安全，一是在微电网系统设备选型时严格把控设备质量关，有效避免低价劣质产品。二是采用风、光、波浪等多种能源协同互补利用的方式，保证在恶劣天气下有其他能源补充，在特殊情况下有柴油发电机作为紧急备用电源。三是在网架结构设计中考虑冗余方案，故障情况下能够自动切换，转移负荷，保障系统稳定可靠运行。以开山岛微电网建设为例，连云港公司充分考虑风、光多能互补和柴油发电机备用方式，特别重要负荷以独立小微网运行，故障情况下ATS开关快速切换，实现多级用电保障。储能系统分两路，两台DC/DC变换器一台运行于恒压模式，另一台运行于恒功率模式，任一台发生故障都不会影响系统电压稳定。交流母线和直流母线之间采用两路并列运行、集中逆变的方式，任一台逆变器发生故障都不会影响系统的正常供电。

**(2) 创新示范方案。**以"绿色发展、创新示范"为原则,定位为绿色旅游基地,代表有旅游开发项目、对环境要求较高或者有海上航线的岛屿。以连岛为例,该类岛屿每年接待大量游客,对清洁、绿色发展和游客体验有较高的要求,海岛微电网建设应以绿色发展、创新示范为主。连云港公司充分利用该类岛屿丰富的风、光、波浪等自然资源,应用各类新技术,构建综合能源系统,重点关注绿色发展与环境的融合。例如,传统的水平轴风机在重要的旅游岛屿上安装容易影响海岛生态环境,光伏安装占用面积较大,在海岛上大范围安装时,对环境也有一定的影响。针对此问题,连云港公司在连岛建设光伏步行道、屋顶光伏、卧式风电和风光一体化路灯等,保障清洁能源与环境友好融合。另外,为实现示范应用,连云港公司在连岛应用电力电子变压器、岸电储能、交直流混合配电网等新技术,融合国网科技指南、省公司科技指南等多个科研项目,打造交直流混合应用平台、两网融合实践平台和综合能源服务体验平台,构建能源互联网践行区。

海岛光伏板实地检修

**(3) 高效控制方案。**以"保障供给、高效控制"为原则,定位为蓝色海防基地,代表长期有守岛民兵驻守的岛屿,为国家海防前哨。该类岛屿普遍存在用电用水难题,受驻岛人员微电网运维专业化水平限制,所以在海岛能源系统方案设计时需要考虑系统的高度自动化和远程监测运维。以平山岛微电网为例,因为离岸 40 余海里,用能问题突出,远程补给船大量淡水运输成本高昂。另外，因岛上原有系统的自动化水平低和受维护人员专业水平的限制，岛上储能系统 1~2 年就会因维护不当出现臌胀现象而报废，因微网控制设备常维护不当导致系统崩溃或设备损坏。因此，连云港公司针对该类型岛屿，一是建设海水淡化系统，减少远距

微电网综合控制系统现场调试

离淡水补给的巨大成本，同时作为柔性负荷参与微电网运行控制，实现削峰填谷。二是提高微电网运行控制自动化水平，源荷投切和功率限制通过运行控制策略自动实现，减少人工操作。三是通过岛屿泛在电力物联网建设，远程传输微电网系统运行信号至供电公司调度端，实现远程监测，指导现场运维工作。

### 推进高质建设，坚持"三条原则"

考虑到海岛地区地形复杂，条件艰苦，微电网施工环境恶劣，且多数海岛远离大陆，船只往返成本高昂，人员运维机动性受限。连云港公司高度重视海岛微电网施工安全、施工质量和对海岛原址原貌的保护，高质量推进微电网施工建设。

**(1)确保安全原则。**一是制定开工会、收工会制度。在岛屿微电网施工期间，制定项目开工会和收工会制度，参建单位每天早晨 7 点召开项目开工会，每天晚上 6 点召开项目收工会。由现场项目经理强调施工现场安全注意事项，强化施工人员安全责任意识。二是制定监理、旁站全程安全监督制度。在微电网项目施工过程中，项目监理、旁站人员全过程驻岛，随工进行安全监督，出现安全隐患及时督促整改并宣贯到位。三是制定重要节点安全督导制度。在项目实施的重要时间节点，如光伏安装、风机组立、系统联调等环节，项目总指挥驻岛全过程进行项目督导，避免发生安全事故。

**(2)保证质量原则。**一是制定设备出厂前验收制度。因海岛运输困难，现场调试环境复杂，电源等无法持续保障，且岛上调试出现问题后整改的成本巨大。因此，连云港公司要求设备生产厂家在设备出厂前全部完成厂内调试并通过公司组织的专家厂内验收，保障设备质量过关，不存在安全缺陷。二是制定施工方案论证评审制度。考虑海岛地区

施工限制条件较多，项目建设各环节方案均需要充分论证。例如，设备选型方面，在吊车等大型机械能够上岛应用的情况下，施工较为方便，设备可以采用集装箱、独立屏柜组装等方式。然而，很多海岛不具备大型机械上岛条件，设备和施工物资需要人工搬运，在这种情况下就需要充分考虑采用小型化、模块化组装的设备，避免设备上岛后无法搬运而导致项目无法实施。三是制定随工验收制度。海岛微电网项目建设后期，由现场项目经理、监理、旁站人员共同对具备投运条件的施工现场进行随工验收，出现质量隐患及时整改完善，保障在正式投运前各参建单位负责的项目均通过验收。

**(3) 保护环境原则。**一是电气安装方面。对于风机安装，连云港公司在风机选型及安装位置上严格把关，避免影响海岛环境。特别是定位为红色教育基地的海岛，风机不能安装在海岛正面的主要位置，不能安装与海岛大小不匹配的风机，不能安装在海岛重要设施周围。对于光伏安装，虽然光伏采用最佳倾角安装获得的发电效率最大，但有时会产生光污染，给海岛环境造成影响。在必要的情况下，可以采用低倾角光伏安装方式，以牺牲发电效率来保护海岛环境。对于线路安装，岛上配网线路根据现场条件采用电缆入地或桥架等安装方式，实现电网建设与环境融合。二是土建施工方面。始终坚持"不

风力发电机建设现场

破坏岛上一草一木,尽可能维持海岛原址原貌"的原则,房屋修缮按照"修旧如旧"的原则,保留原址原貌,避免破坏整体环境。三是文明施工方面。海岛施工参建单位较多,施工、生活垃圾较多,给海岛环境带来了较大挑战。一方面,项目建设指挥组指定参建单位卫生责任区,各单位定期清扫,定期排查,所有生产、生活垃圾统一存放,不定期通过船只运送上岸。另一方面,在项目建设过程中,与政府、部队、企业联动,根据实际情况,修缮改造岛上破损的基础设施。

## 多重价值

### 投资主体多元模式

由于供电公司建设海岛微电网有别于电网基建改造项目,没有固定投资渠道。因此,连云港公司在推进全域海岛微电网建设过程中,探索多种建设模式。例如,车牛山岛依托三个省公司科技指南项目建设,开山岛通过国网公司捐建的方式建设,连岛由政府委托资金建设,平山岛、达山岛由包括政府、部队、企业在内的四方签订战略合作协议共同投资建设。通过军民共建、政企合建、国网捐建、企业自建等多形式、多渠道的建设模式,连云港公司同时带动移动、电信、消防等其他单位共同出资建设相关配套设施,形成了良好的合作共赢模式。另外,在运维环节,通过第三方代维等方法,探索海岛地区微电网运行维护商业模式,为海岛电网的建设运维提供实践样本。

### 综合成果共享模式

在电网发展历程中,海岛微电网的规划设计和设备研发远远滞后于传统的电网发展。连云港公司通过全域海岛综合能源系统的建设,掌握了交直流混合配电网、电力电子变压器、岸电储能等多项关键技术,先后参与了国网公司 16 项企业标准编制,形成了 3 项软件著作权。发布了《海岛微电网规划设计导则》《海岛微电网运行维护规程》《连岛能源互联网践行区现场运行专用规程》等 6 项管理规定,有效带动了相关产业发展。一是设备厂家的产品在投运后,通过现场运行数据支撑,掌握设备存在的缺陷,不断完善产品性能;二是利用岛屿综合能源系统,不断拓展项目研究,开展直线直驱式波浪能发电装置和移动式储能船等课题研究,进一步深化海岛能源体系研究成果;三是为其他单位项目的先行先试提供平台。连云港公司的海岛微电网项目实现了海岛地区的美好用能,海事、中国移动等单位在海岛的通信、控制测量等设施用电得到了保障,为海域开发和研究提供了强有力的支撑,实现了多方共赢。

**降低建设和运维成本，经济效益明显提升**

连云港公司建设岛屿综合能源体系，取得了良好的经济效益，主要体现在以下三个方面：第一，如果采用海底电缆敷设，连云港境内 7 座离岸海岛共需约 202 千米海缆，海缆建设按照每千米 100 万元（含配套设施）计算，共需超过 2 亿元投资，而建设新能源微电网，每个岛屿根据用能需求投资在 300 万 ~1000 万元，总投资 5000 万元左右，节省了大量投资，且海缆敷设方式遭受外力破坏风险较大，后期维护成本极高；第二，如果采用柴油发电机和船舶运输淡水，因柴油发电成本很高，补给船往返一次需 1 万余元，且严重污染海岛环境；第三，从后期运维考虑，通过泛在电力物联网建设，供电公司专业工程师能够远程指导海岛微电网日常运维，可极大地提升运维效率、降低运维成本。

### 未来展望

未来，海岛开发坚持开发和保护并重、污染防治和生态修复并举，保护海洋生态环境，需减少柴油等化石燃料的使用。低成本、高效率的多能转化技术促进了氢能、天然气能的广泛应用，推动了多能互补系统的发展，未来的海岛微电网可逐步升级为多种能源互联互补的新型微能源网。

单一海岛微电网的投资较大且抗风险能力差，随着中国岛屿开发进程，将会建立多海岛微电网，通过海岛微电网互联实现经济性和可靠性的统筹。由此可知，海岛微电网将呈现无柴多能互补、集群运行、综合能源高效利用的发展趋势。

## 三、专家点评

绿色发展是企业重要的社会责任议题之一。国网连云港供电公司兼顾绿色发展和环境责任，采用清洁能源，构建小微网为海岛提供电力供给，实现了经济、社会、环境价值和谐统一。与大型清洁能源基地受地域因素制约不同，小型分布式清洁能源往往与解决迫切的民生用电问题紧密相关。国网连云港供电公司通过为岛上居民设计风电、光伏、储能装置互补的微网设施，有效地在大电网的延伸范围之外提供了清洁可持续的电能，这也与能源清洁可持续的未来发展方向一致。

**——国家电网公司外联部社会责任处　浮婷**

作为全国首个交直流混联的海岛智能微电网，车牛山岛为未来海岛能源供应的规划、建设、运行等技术提供了示范参考，可复制、可推广。

    ——**中国电力科学研究院有限公司新能源中心副所长　杨波**

    江苏是海洋大省，海洋资源开发前景广阔，但外海岛屿缺电少水的状况始终制约着海岛发展及海洋资源的开发利用。为了解决海岛的用电用水难题，助力全省海洋资源开发和保护，国网江苏电力履行中央企业使命，在没有经验可借鉴的情况下，于 2019 年启动了开山岛智能微电网及海水淡化项目建设。

    ——**连云港市自然资源和规划局副局长　朱海波**

    智能微电网具备"可思考的大脑"，对于全国所有"高海边无"（高海拔、海岛、边防、无人区）地区的持续可靠用电具有重要意义。这些突破意味着我国已经占据全球微电网技术的前沿，而且拥有了微电网技术"标准制定"的话语权。

    ——**江苏电力科学院　袁晓冬**

**低碳发展**

国网莆田供电公司

# 打造智慧能源决策体系，
# 推进海岛可持续发展

## 一、基本情况

### 公司简介

国网莆田供电公司成立于 1980 年，现有 14 个职能部室、11 个业务支撑及实施机构，管理县级供电企业 2 个，现有职工 3329 人（含县公司）、供电用户 160.1 万户。辖有 220 千伏变电站 15 座，容量 390 万千伏安，线路 774 千米；110 千伏变电站 42 座，容量 382 万千伏安，线路 1016 千米；35 千伏变电站 13 座，容量 15 万千伏安，线路 249 千米。

### 行动概要

为更好地贯彻落实党中央"构建以新能源为主体的新型电力系统"要求，推进国网公司《"碳达峰碳中和"行动方案》，响应国网福建省电力有限公司"助推福建省持续实施生态省"战略目标，国网莆田供电公司深化国网可持续性管理体系，对标联合国 SDGs 可持续发展目标，将其转化为适应湄洲岛实际"双碳"发展工作需求的"海岛 SDGs 行动框架"；成立可持续发展实践行动组，联动专业机构建立合作关系，构建多方联动组织架构；建立智慧能源决策体系和利益相关评价体系，确保全过程、全方位达到可持续发展的管理要求，着力探索出一条可复制、可推广的"能源清洁低碳转型、智慧能源引领绿色发展"创新道路，打造联合国可持续发展目标在海岛落地的中国样板。

# 二、案例主体内容

## 背景 / 问题

**海岛生态与世界遗产对能源供应体系提出了新要求：**湄洲岛拥有 30.4 千米海岸线、300 亩红树林湿地，有无数海鸟栖息、滩涂生物生存。每年约有 600 万游客登上湄洲岛，全球气候变化和人类活动的干扰都将导致海岛生态环境的脆弱化，若无法实现开发与保护的平衡，则会威胁海岛生态系统的稳定。海岸线的生态保护及岛内排污管理对海岛可持续发展十分重要，需要从传统形式的保护转变为科学决策的保护，以实现人与自然的和谐共生。

**能源清洁低碳转型对政企协同提出了新要求：**可持续发展目标的实现需要全岛各行业共同践行。若缺乏监管机制的约束，则难以遏制企业盲目发展、保证政策有效落地。而缺乏评估体系的粗放发展，或是因落后和无效投资导致转型不利，或是对脆弱的海岛生态造成不可逆转的负面影响。湄洲岛作为 3 亿妈祖信众的朝圣地，每年有近百万流动人口登岛，在缺乏全局推演的情况下，任何微小的错误都将在人口基数下产生规模化的影响。湄洲岛的"双碳"变革，亟须进一步深化政企协同作用，连接海岛各行业共同发力，掀起海岛能源转型的时代潮流。

## 行动方案

### 构建多方联动组织架构，聚力"双碳"目标落地

为推进湄洲岛可持续发展，国网莆田供电公司从"发展规划、宣传交流、财务保障、科技创新、运行控制、节能提效、数字转型"七个方面着手，专门成立可持续发展实践行动组，负责可行性分析、筛选分类、制定行动规划，以及行动推进后的成效分析等。

同时，联动专业机构建立合作关系，科学谋划各项任务行动方案，精准制定各专业组任务清单，统筹规划与资源调配，协同政府构建"发展共同体"，通过多方联动模式深化"政企协同"，发挥"产学研"助力作用，形成倍增效应。

### 构建智慧能源决策体系，推进海岛可持续发展

聚焦"双碳"目标和综合能源新兴业务建设，国网莆田供电公司按照地方政府"一块大屏看湄洲、一个平台管湄洲、一部手机游湄洲"规划，创新管理技术，打造融变电站、储

能电站、微气象站、野外观测站、光伏电站、数据中心站等数据库为一体的湄洲岛数字能源平台，以平台为引擎，构建"千里眼"监管机制、"点金手"数字化评价体系、"智慧大脑"决策辅助三位一体的智慧能源决策体系，做到一体支撑、高效协同、数据可信、集成管理，以可量化、精细化的管理推进湄洲岛可持续发展。

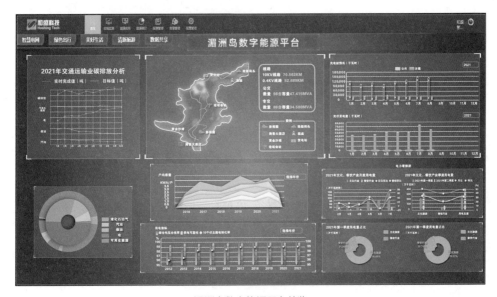

湄洲岛数字能源平台总览

**以"千里眼"强化过程管控。**"千里眼"监管机制以电、气、油、煤等能源消费指数为核心，运用大数据、云计算等技术精准解构碳排放"基因序列"，辨识全品种的能源消费特性、能源与碳排关联系数，将能源消费、碳排放与产业发展建立联系，构建专业化、精细化监管指数，可视化展现不同行业能源消费结构碳排放轨迹及变化趋势，主动监测海岛各行业、各单位的"双碳"目标完成情况，实现监管的全程化、自动化和即时化，让监管从"跟跑者"变为"领跑者"。

根据"千里眼"的动态跟踪，湄洲岛政府可实时掌握各行业单位的碳排放情况、碳排放预测情况和清洁能源减排监测等结果，针对碳效益不足的行业单位，出台相关助力、推进政策，保证可持续发展的有效推进。

**以"点金手"优化能源结构。**"点金手"评价体系的核心是"双目标一指数"。在"千里眼"大数据研判分析的基础上，平台锚定碳排放与 GDP 两大优化目标，综合考虑便利、安

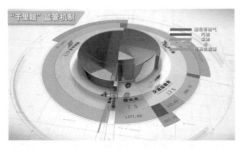

以电、气、油、煤等能源消费指数为核心

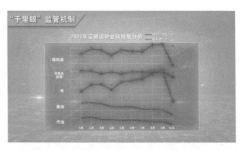

行业碳排放分析（图示为交通运输行业）

全、成本、环保、能效五大要素，建立兼顾多流程、全要素的碳效益指数，形成能源供应侧、客户、政府的多维化评价分析体系。

碳排放预警机制。以全岛能耗总量为约束，准确定位各行业减碳重点，为各单位设定能耗目标预警值，通过能耗目标推动海岛产业优化，保护环保企业优势，变革或淘汰能源结构落后的企业。

推进企业减碳提质。企业可对标所在行业的碳排放标杆，根据平台自动生成的减碳建议报告，思考如何减碳提质。在"点金手"约束下，各行业自发设计能源转型"工程图"。目前，湄洲岛电能终端能源消费占比已达 88%，远高于 27% 的电能终端消费占比。

**以"智慧大脑"辅助全局决策。** 在建立监管机制与评价体系的基础上，国网莆田供电公司基于大数据技术打造辅助政府、企业虚拟推演决策成效的"智慧大脑"。

通过统筹产业链、能源供应链、碳排放链三大维度，仿真减碳场景，对能耗能效分析、清洁用能结构建设、同行业碳排放对比等进行模拟计算和碳足迹计算，根据量化结果，推演形成"低碳发展路线图"，辅助政府和企业决策，助力政府优化规划布局、产业结构，实现能耗"双控"。

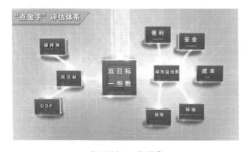

"双目标一指数"

在产业链维度进行整体分析

在产业链维度，对湄洲岛各产业链条上下游企业的能耗情况进行整体分析，规避了出现上游产不出、下游卖不掉的畸形生产链条，同时联通整个产业链，通过智慧决策辅助，赋能企业单位实现更优的资源分配，实现节能与经济效益双丰收。在能源供应链及碳排放链维度，以交通物理距离、能源传输物理距离最优为目标，综合考虑全岛各行业地理位置布局，实现交通碳排放与能源损耗最低。

湄洲岛智慧能源决策体系融合自然资源和科技力量，连接海岛各行业共同发力，全岛"双碳"目标由个体决策向全局决策转变，政府与企业可在智慧大脑中实现"牵一发而动全身"的决策成效虚拟推演。

### 构建利益相关评价体系，驱动能源服务动态优化

结合国网莆田供电公司深化新时代"双满意"工程机制及社会责任评价体系，联动利益相关方，建立 SDGs 行动利益相关评价体系。

根据 SDGs 行动特点，结合企业社会责任所涉及的各个重要方面，设定 4 个一级指标，分别是：电力供应、数字赋能、低碳生活、环境和谐。在一级指标下，设了 11 个二级指标，经过进一步细化，再下设 30 个三级指标，通过这三级指标来评价海岛 SDGs 行动的外部绩效。

评价体系从利益相关方、社会与环境等多维视角，通过科学的样本分布设计、问卷设计，采用线上调查、线下面访、电话调查等方式，开展全面的量化评价与沟通。对照各项任务的预期目标，以数据量化分析各项任务实施带来的直接和间接、正面和负面的影响，以及额外价值贡献，及时总结实施经验及存在的问题和不足，固化成熟做法，优化工作机制。

## 多重价值

### 管理价值

**为政府智慧决策赋能。** 运用数字化智慧能源技术保护千年古庙、海岛环境，助力人与自然和谐共生。对千年妈祖庙的供电线路、设备进行了全智能化改造，截至 2021 年底，已投运古建筑智能保护系统 3 套，在建 14 套，实现了对配电线路、温湿度、消防、视频监视、灯光调节等智能化管理与控制，在保护世界非物质文化遗产的同时，打造游客必经的智慧用能示范点。

运用数字能源监测平台，实时监测全岛 1 个污水厂 3 个污水提升泵站、14 座一体化污水泵站用能数据，为当地政府排污治理提供数据决策支撑。平台接入设备 413 台，接入

数据 33 类，数据分析成果 252 项，数据支撑政府工作 5 个方面。

**为关键指标提升助力。**通过湄洲岛全景智慧供电保障体系的建设，极大地提高了电网的安全稳定运行。通过变电站"全顺控"，使单开关操作票写票时间从过去的 15 分钟缩短至 1 分钟，将操作的平均时间从过去的 45 分钟缩短至 2 分钟，极大地节省了操作时间，倒闸操作效率可提升至 90%。通过智慧电网建设，全岛 10 千伏线路故障同比下降了 57.14%；故障平均修复时长 27.35 分钟，同比下降了 25.19%。通过投用"海缆智能监控保护系统"，海底电缆无外破事件，海岛电网未发生孤岛用电情况。为供电网络配套智能运检体系，实现配电自动化全覆盖，试点柔性直流配电网建设，推进配电数字化转型，设备联网率为 85%，供电可靠率为 99.99%，综合电压合格率为 99.97%，智能设备覆盖率为 90%，主设备实物"ID"赋码率为 100%。

湄洲岛现建成 15 个光伏发电项目，总容量 493.42 千瓦，2020 年全年发电量 56 万千瓦·时；海上风电装机容量 239 兆瓦，接入湄洲岛电网年总发电 5150 万千瓦·时，全岛实现了清洁能源 100% 消纳。

## 相关方经济价值

东蔡村光伏乡村振兴项目 4 个，年发电量约 30 万千瓦·时，项目收益按季度向用电单位收取电费，直接分配给东蔡村，可为东蔡村提供 20 万元经济收益，有效改善、盘活东蔡村集体经济。

全电民宿开展"能效 + 智慧"管理模式，应用"电管家"智慧终端，平均每年可减少民宿用电支出约 1.2 万千瓦·时，节省电费支出约 7000 元，既实现了节约用能，又达到了"低碳入住"的目的，还受到了客户的认同和欢迎。

## 社会价值

**为海岛低碳转型领航。**福建省已有 20 多个海岛借鉴湄洲岛模式，全力推进福建省"碳达峰、碳中和"。依托妈祖文化、海洋文化的交流，每年来岛的 50 多万东南亚信众、台湾同胞更亲身体验了清新绿色低碳的旅居生活，体会并传播国家电网"双碳"解决方案及理念作为，带动东南亚地区共同践行"双碳"目标。

**为绿色美好生活充电。**湄洲岛 21 家企事业单位、3 家规模级酒店、179 家民宿已应用全电气化厨房，316 辆公共交通、旅游车辆全部实现了电动化，已建成"三公里充电圈"，并规划升级"核心集镇一公里充电圈"，以低碳生活和绿色交通助力地方政府"保护好湄洲岛"。

通过可再生能源接入、全电厨房及交通出行"油改电"等一系列措施，全年减碳 279 吨，碳排放量下降了 73%。由"电力义修哥"志愿服务队发起的生态公益林地及红树林海域湿地保护等行动，每年新增绿色碳汇量超 230 吨。湄洲岛电能终端能源消费占比达 88%，远高于全国 27% 的电能终端消费占比。湄洲岛预计于 2022 年率先实现"碳达峰"目标。经湄洲岛综合整治调研，本岛居民对供电公司满意度达 99.6%，"双碳"知晓率达 93.2%，居民绿色出行方式占比 96.1%，与 2020 年相比，光伏用电申报户数、全电民宿改造意愿分别增长了 35%、26%。

### 未来展望

为了更好地推动湄洲岛绿色低碳发展，国网莆田供电公司从规划侧入手，联合湄洲岛管委会、国网综合能源规划设计研究院，制订了《湄洲岛"碳达峰、碳中和"规划》，提出了"2022 年碳达峰、2025 年碳中和"的规划路线图和时间表。规划以"零碳＋文旅""零碳＋交通""零碳＋新型电力系统"等 5 类场景为抓手，通过可再生能源发电、厨房及交通电气化、建筑能效提升等 12 项重点工程，为湄洲岛建设生态文明旅游岛提供了系统完整的解决方案。该规划通过以中国工程院刘吉臻院士为主任，由来自国家发展和改革委、生态环境部、中国社会科学院、中国电力企业联合会以及高校的专家组成的评审委员会评审，成为全国首个通过评审的 AAAAA 级旅游景区"双碳"规划。

## 三、专家点评

智慧能源决策体系运用能源数据深入分析了湄洲岛能源、资源、产业、文化等经济社会各方面情况，以尽快实现"碳达峰碳中和"目标，研究提出了规划路线图和时间表，为湄洲岛全面掌握温室气体排放及碳汇情况提供支撑依据，为湄洲岛建设生态文明旅游岛、实现碳中和目标提供了系统完整的解决方案，为湄洲岛构建以新能源为主体的新型电力系统提供了一种典型模式。

**——清华大学电机系教授、系主任，清华大学能源互联网创新研究院院长，**
**清华四川能源互联网研究院院长　康重庆**

台达

# 坚持"环保 节能 爱地球"
# 以核心产品引领低碳发展

## 一、基本情况

### 公司简介

台达创立于 1971 年，为全球提供电源管理与散热解决方案，并在工业自动化、楼宇自动化、通信电源、数据中心基础设施、电动车充电、可再生能源、储能与视讯显示等多项产品方案领域居重要地位，逐步实现智能制造与智慧城市的发展愿景。台达运营网点遍布全球，在五大洲近 200 个销售网点、研发中心和生产基地为客户提供服务。在中国大陆，运营、销售与研发中心设于上海，生产基地分布于广东东莞、江苏吴江、安徽芜湖、湖南郴州。

多年来，台达在事业运营、科技创新与可持续发展领域的成就获多项国际荣誉与肯定。自 2011 年起，台达连续 11 年入选道琼斯可持续发展指数(Dow Jones Sustainability Indices, DJSI)之"世界指数"(DJSI World Index)，于 2021 年 CDP (原碳信息披露项目) 年度评比中荣获气候变化与水安全双"A"领导评级。

### 行动概要

面对全球变暖、气候异常等问题，台达秉承"环保 节能 爱地球"的经营使命，运用电力电子核心技术，持续提升产品能源效率，并整合开发绿色节能产品与解决方案，协助客户节省更多的能源、获得更佳成本效益。2010~2020 年，台达高效节能产品协助客户节电近 335 亿千瓦·时，约当减少 1780 万吨碳排。

台达从产品、生产网点与绿色建筑三个面向实践低碳发展。目前，台达电源产品效率均在 90% 以上，通信电源效能达 98%，太阳能光伏逆变器效能可达 99.2%，车用直流电源转换器效能可达 96%。2009 年起推动生产厂区节能，五年间厂区单位产值用电量节省 50%。2011~2020 年，台达已累计施行 2270 项节能方案，节电 2.79 亿千瓦·时，约当减少 21.7 万吨碳排。过去十多年，台达在全球打造了 30 栋厂办及学术捐建的绿色建筑，以及 2 座认证绿色数据中心。2020 年，台达经认证的 15 栋厂办绿色建筑及 5 栋学术捐建绿色建筑共节电 1848 万千瓦·时，约当减少 11685 吨碳排。

## 二、案例主体内容

### 背景 / 问题

科技与工业的快速进步，改善了人类的生活，但也造成了资源的损耗、自然环境的污染、生态的破坏等。近年来，冰川融化、飓风灾害、洪水、工业污染等环境问题层出不穷，不断冲击人类社会的生存发展。而环境问题又进一步导致能源短缺，全球石油、天然气、煤炭等价格持续飙升，英国油荒、印度电荒、巴西缺水缺电、中国大陆多省推出限电措施，全球能源危机愈演愈烈。

面对日益严峻的环境及能源困境，如何提高能源使用效率是关键问题，这就需要我们持续不断努力，共同投入电力电子创新技术的研发。中国工程院外籍院士李泽元教授曾指出，依 2012 年全球电力能源消耗总量，1% 的电能效率提升，就相当于节省 2 个三峡大坝的年总发电量；2050 年，总体能源的需求将有 8 倍的增加量，每提升 1% 效能，就相当于节省 16 个三峡大坝的总发电量。

### 行动方案

台达从创立之初，就以"环保 节能 爱地球"为经营使命，将业务运营和可持续发展相结合。期望通过设计创新的产品解决环境问题，致力于提供创新、洁净与节能的解决方案，创造更加美好的明天。

台达于 2007 年成立可持续发展委员会，创办人担任荣誉主席，董事长担任主席，副董事长、首席执行官、营运长、首席可持续发展官、地区营运及功能主管担任委员会委员，

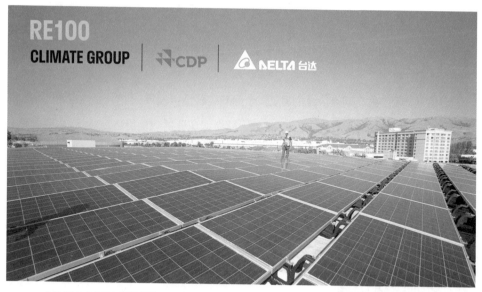

台达加入 RE100 倡议组织，承诺 2030 年全球厂办 100% 使用可再生电力并实现碳中和

下设智囊机构与执行单位，包含各项目小组及可持续发展办公室，开展"公司治理、环保节能、员工关系及社会参与"三个方面 10 大议题工作，尤其是着重于环境面节能减碳的各项管理。

台达于 2015 年签署了 We Mean Business 倡议，2017 年通过科学减碳目标（SBT），承诺 2025 年的碳密集度相较 2014 年下降 56.6%。2018 年，台达加入 EV100，承诺转型电动车与普及充电设备，推动全球低碳交通。2021 年，台达加入全球可再生能源倡议组织 RE100，承诺全球所有网点将于 2030 年达成 100% 使用可再生电力碳中和的总目标，更进一步加入"奔向零碳"（Race to Zero）倡议，制定呼应 1.5°C 减碳路径的净零目标，以实际行动响应"双碳"目标的提出。为此，台达基于其核心竞争力，运用产品、生产网点与绿色建筑三个面向，实践节能减碳。

**产品节能**

台达每年投入集团营业收入 8% 以上用于创新研发，以电力电子作为核心技术，致力于不断提升电源产品的能源转换效率，利用科技创新力量，深耕电气化交通、新能源、5G与数据中心、智能制造等重点发展领域，助力实现"30·60"目标。此外，台达在产品生命周期各阶段导入绿色设计，减少对环境的负面影响。

1983 年，台达正式上市的开关电源产品就比传统硅钢片变压器产品相对轻薄短小，能效可达 60% 以上。目前，电源产品效率均超过了 90%，通信电源效能达 98%、太阳能光伏逆变器效能可达 99.2%、车用直流电源转换器效能达 96%。2021 年，台达自主移动设备 1 千瓦无线充电电源荣获中国电源学会"优秀产品创新奖"，该产品采用先进高效、无接触电能传

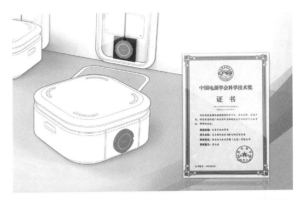

台达自主移动设备 1 千瓦无线充电电源荣获"优秀产品创新奖"，该产品体积小巧、适用于各类恶劣环境

输技术，助力智能制造的物流环节实现智能化、全无人化，相较同类产品，电能损耗降低至少 20%，能源转换效率可达 93%。

**生产网点节能**

由于生产制造用电量占总用电量的 95% 以上，台达自 2009 年起即自主推动厂区节能，在电源产品的测试与 Burn-in 环节中，设计能源回收系统，可回收 95% 以上的用电。2011 年，台达成立跨地区能源管理委员会，使能源管理成为日常运营的一部分，在全球主要生产网点，持续导入台达自行研发的能源在线监控信息系统 (Delta Energy Online)，通过系统提供实时监控与分析功能，协助各厂区能源管理小组寻找节能减碳机会点，以全员参与具体节能行动来呼应对气候变化的关注。

**绿色建筑节能**

台达自 2006 年于台南科学园区建立第 1 座绿建筑时，即承诺未来所有新设厂办都实行绿色建筑理念，至今台达已在全球打造了 30 座绿色厂办及学术捐赠的绿色建筑，以及 2 座绿色数据中心。台达积极推广绿色建筑，不仅智慧节能，更健康宜居。2022 年，台达台北总部大

台达上海研发大楼是获得 LEED—黄金级、LEED—铂金级既有建筑认证绿建筑，并通过了 WELL 健康—安全评价

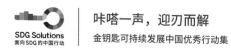

楼、上海运营中心暨研发大楼、美洲总部大楼等六栋办公大楼通过了"WELL 健康—安全评价"（WELL Health-Safety Rating, WELL HSR）。

台达在自有建筑看到明显环保节能成效后，发挥企业核心能力，整合工业自动化、楼宇自动化、数据中心、通信网络电源、可再生能源、视讯与监控、电动车充电等节能解决方案，开发出台达建筑能源管理系统，积极向客户提供智能楼宇及数据中心定制化"智能绿色建筑"解决方案。

此外，台达通过竞赛、展览、书籍、微电影多方面向社会大众传递绿色建筑理念。台达最早于 2006 年 8 月与中国可再生能源学会达成合作共识，并与中国建筑设计研究院基于相同理念，连续十八年冠名赞助十届"台达杯国际太阳能建筑设计竞赛"，致力于把太阳能建筑技术应用到现实生活中。

2015 年巴黎气候大会期间，台达在巴黎大皇宫举办了"绿筑迹——台达绿色建筑展"，并在次年将展览移至清华大学美术学院。展览将人文、环保与建筑相结合，与各界共同分享了"建筑之美"与"节能之绿"，共同约定为减缓全球气候变暖尽份心力、为绿色建筑付诸行动。

2018 年，台达特别将不同特色绿色建筑的相关经验与知识整理出来，发表了《跟着台达盖出绿建筑》简体中文版，且为书中各章节延伸拍摄了 12 部绿色建筑微电影。微电影邀请了参与台达绿色建筑建设的知名学者与建筑师，以真实影像，带观众回到当初规划绿色建筑的场景，传达台达努力实践环境理念的初衷，希望带动更多人参与绿色行动。

同时，台达也持续与公司周边社区及学校合作，通过邀请周边民众及学生参观台达绿色建筑，帮助他们实地了解绿色建筑的内涵，让更多人体会到绿色建筑的好处，并在生活中实践环保节能。

## 多重价值

### 节能降碳

自 2017 年通过科学碳目标（SBT），承诺 2025 年的碳密集度较 2014 年下降 56.6% 以来，台达于 2018~2020 年连续 2 年达到 SBT 阶段性目标，碳密集度下降了 55%，2020 年，台达主要厂区可再生电力占整体用电的比率约为 55.1%，相当于全球网点达到约 45.7% 的可再生电力使用，通过厂区太阳能自发自用约当减少 17458 吨碳排，加上购买可再生能源凭证可约当减少 227240 吨碳排，共减碳逾 244697 吨。

台达吴江厂区绿色发展成效受到各界肯定, 于 2019 年获得工业和信息化部国家级"绿色工厂"称号

2020 年, 台达在吴江、东莞、芜湖、郴州设立的四大厂区共实施 141 项节能方案, 共节电 1228 万千瓦·时。吴江厂区绿色低碳成效受到了各界肯定, 于 2019 年获得工业和信息化部国家级"绿色工厂"称号。

此外, 厂区及建筑也实施 80 项节水方案和 111 项减废方案, 共节省 183600 吨用水并减排 7774 吨废弃物。台达持续执行废弃物减量, 继 2019 年东莞厂区取得了 UL 2799 国际废弃物零掩埋认证铂金等级后, 2021 年吴江厂区也取得了 UL 2799 "100% 废弃物转化率含 7% 焚烧热回收" 铂金等级。台达已将此观念及方法导入全球各厂区, 逐步提高资源利用率, 并迈向废弃物零掩埋的目标。

### 社会价值

台达于 2017 年导入公益投资社会报酬评估 (Social Return on Investment, SROI) 方法, 分析绿色建筑推广活动所能创造的社会投资效益, 并以货币化的形式呈现。评估显示, 台达绿色建筑推广活动 SROI 值为 8.55, 即台达针对绿色建筑推广每投入 1 元的成本, 可产生 8.55 元的社会效益。主要效益为强化在建筑与专业设计上促进绿色建筑设计元素的导入、宣传绿色建筑相关知识、促进日常节能环保行为的实践等。

以"台达杯国际太阳能建筑设计竞赛"为例, 自 2005 年开赛以来, 累计吸引了全球 9345 支团队报名参赛, 组委会共收到有效作品 1873 件, 获奖作品经深化设计后, 已有 5

项落实建成，分别是四川杨家镇台达阳光小学、四川龙门乡台达阳光初级中学、江苏吴江中达低碳住宅、青海兔尔干24个庄廓以及云南省巧家县大寨中学台达阳光教学综合楼，让梦想之光照进了现实。经过十余年的发展，"台达杯国际太阳能建筑设计竞赛"作为行业智慧的共享平台、新能源应用服务平台、获奖作品

台达采用"2009年台达杯国际太阳能建筑设计竞赛"一等奖设计概念，于震后捐建四川杨家镇台达阳光小学，图为台达创办人郑崇华与小学生一起参观这所绿色校园

的实践平台、创新人才的培养平台、低碳理念的传播平台等的作用也日益显著。

### 荣誉肯定

台达凭借在绿色低碳等可持续发展领域的优异表现，获得了国际评比机构、政府、专家智库、媒体等各利益相关方的多个奖项与荣耀，包括自2011年起，连续十一年入选道琼斯可持续发展指数（Dow Jones Sustainability Indices, DJSI）之"世界指数"（DJSI World Index），也于2021年CDP（原碳信息披露项目）年度评比中，获评"气候变化"与"水安全"领导级企业。此外，台达也入选生态环境部"2021年绿色低碳典型案例"、入选新华网"2021中国企业社会责任优秀案例"、获评《中国新闻周刊》"2021年度低碳榜样"、获得《南方周末》"年度杰出责任企业"及"年度典范企业"、获评"金蜜蜂企业"等。

### 未来展望

台达在致力于产业与经济发展的同时兼顾环境问题，坚持长期布局可再生能源，积极开发相关解决方案，并提高可再生电力使用比率，克服发展可再生能源配套法规不一致的种种挑战，以自主节能及运用太阳能自发自用与自盖电厂等能力为主，同时评估全球网点所在地绿电市场的交易成熟度，搭配购电协议或可再生能源凭证，致力达到RE100承诺目标。台达预期进一步带动供应链发展绿能，提供客户核心节能减碳技术经验，为整体产业实现100%使用可再生电力及碳中和做好准备。同时，台达将积极创新绿色低碳技术，通过数字化、电气化、绿色化的技术带动行业的优化升级，向绿色发展转型，带来

更多的成本效益和社会效益。

为加速实现企业碳中和,台达综合考虑全球制造厂区的内外部碳成本与全球碳价趋势,制定台达内部碳价,使运营活动造成碳排放的经济成本内部化,并规划自 2021 年起将实行内部碳费制度,碳费基金将运用在节能项目及可再生能源的取得上,同时作为支持企业脱碳策略的工具与风险管理工具,向零碳排放迈进。

可持续发展是利己利人的百年事业,台达将持续强化精进,以电子电力的核心本业呼应联合国可持续发展目标。通过跨国界、跨领域的合作扩大影响力,为地球及后代打造可持续的未来! 我们期许各国政府、企业界要更有远见,提出真正有效的政策,并且注意预防产业与经济发展时的环境问题,让全人类都有"环保 节能 爱地球"的认知,一起为地球的可持续发展而努力。

## 三、专家点评

台达是一家实在、创新且具有远见的企业。发展智能制造不但具体解决了企业问题,更不断通过科技创新满足用户需要,扎实地通过能源管理系统推动节能。

**——工业和信息化部节能与综合利用司原司长 周长益**

台达运用企业自身的节能技术及解决方案,打造"智能绿色建筑",自 2006 年以来,在全球自建、捐建或参建了 30 栋绿色建筑。更可贵的是,台达把自身拥有的绿色建筑作为开放展示平台与创作题材,通过各种各样的宣传推广模式,让社会环保人士、青年学子、设计院校师生、专业建筑师等了解绿色建筑的设计理念与环保效益,并逐渐参与其中。台达既非环保团体,也非房地产开发企业,却自发地担负起了面向社会大众推广绿色建筑,甚至培育绿色建筑专业人才的责任,以实实在在的行动落实"环保 节能 爱地球"的企业使命。

**——中国建筑学会理事长 修龙**

# 致 谢

感谢金钥匙专家委员会对 2021"金钥匙——面向 SDG 的中国行动"的大力支持，感谢 2021"金钥匙——面向 SDG 的中国行动"评审专家的支持，感谢参与本行动集的企业给予的大力支持。

## 金钥匙专家委员会

**马继宪**  大唐集团国际部副主任

**王文海**  中国五矿集团有限公司企业文化部部长

**王 军**  中化蓝天集团党委书记、董事长

**王 鑫**  bp（中国）投资有限公司企业传播与对外事务副总裁

**王 洁**  施耐德电气中国区副总裁、公司事务及可持续发展负责人

**戈 峻**  天九共享集团董事局执行董事、全球 CEO

**吕建中**  依视路集团大中华区事务总裁

**庄 巍**  金蜜蜂首席创意官

**祁少云**  中国石油集团经济技术研究院首席技术专家

**伦慧嫩**  瑞士再保险亚洲区企业传播部负责人

**李 玲**  安踏集团副总裁

**李鹏程**  蒙牛集团执行总裁

**陈小晶**  诺华集团（中国）副总裁

**陈伟征**  责扬天下（北京）管理顾问有限公司总裁

**沈文海**  中国移动通信集团有限公司发展战略部（改革办公室）总经理

肖 　丹　昕诺飞大中华区整合传播副总裁

杨美虹　福特中国传播及企业社会责任副总裁

张 　晶　玫琳凯（中国）有限公司副总裁

张家旺　中国圣牧有机奶业有限公司总裁

金 　铎　瀚蓝环境股份有限公司总裁

郑静娴　Visa 全球副总裁、大中华区企业传播部总经理

周 　兵　戴尔科技集团全球副总裁

铃木昭寿　日产（中国）投资有限公司执行副总裁

徐耀强　中国华电集团有限公司办公室（党组办、董事办）副主任

唐安琪　中海商业发展有限公司副总经理

黄健龙　无限极（中国）有限公司行政总裁

梁利华　华平投资高级副总裁

韩 　斌　全球契约中国网络执行秘书长

鲁 　杰　佳能（中国）涉外关系及企业品牌沟通部总经理

（以姓氏笔画为序）